0100101010101010101010
0101010010010101010101010
1010010010101010101010101010
010101001001010101010101
0100101010

孩子读得懂的5G

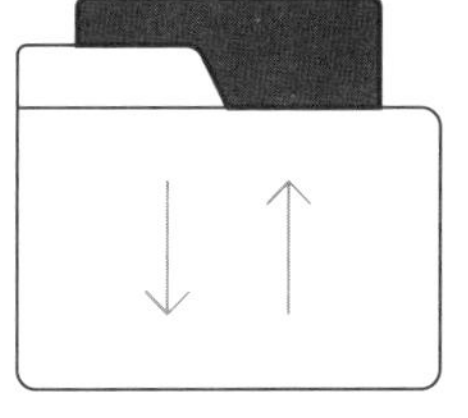

李翔宇
LI XIANG YU
著

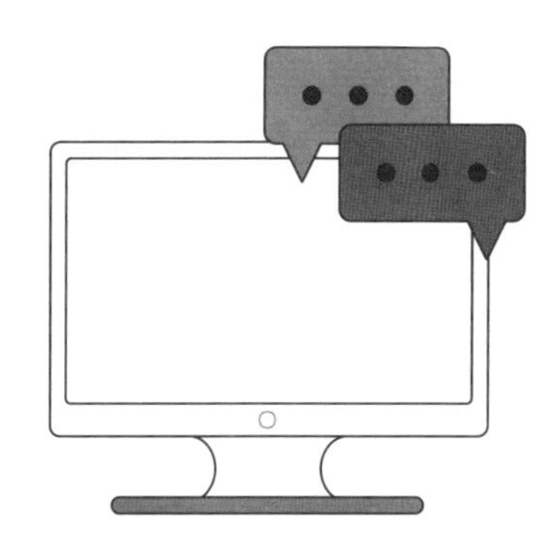

北京理工大学出版社
BEIJING INSTITUTE OF TECHNOLOGY PRESS

图书在版编目（CIP）数据

孩子读得懂的5G / 李翔宇著. — 北京：北京理工大学出版社，2021.3

ISBN 978-7-5682-9398-3

Ⅰ. ①孩… Ⅱ. ①李… Ⅲ. ①无线电通信—移动通信—通信技术—青少年读物 Ⅳ. ①TN929.5-49

中国版本图书馆CIP数据核字（2020）第263646号

出版发行 / 北京理工大学出版社有限责任公司
社　　址 / 北京市海淀区中关村南大街5号
邮　　编 / 100081
电　　话 / （010）68914775（总编室）
（010）82562903（教材售后服务热线）
（010）68948351（其他图书服务热线）
网　　址 / http: //www.bitpress.com.cn
经　　销 / 全国各地新华书店
印　　刷 / 三河市冠宏印刷装订有限公司
开　　本 / 787毫米×1200毫米　1/16
印　　张 / 12.5
字　　数 / 130千字
版　　次 / 2021年3月第1版　2021年3月第1次印刷
定　　价 / 45.00元

责任编辑 / 王玲玲
文案编辑 / 王玲玲
责任校对 / 刘亚男
责任印制 / 施胜娟

序　言

“五只鸡”的故事

5G这件事情，不太好讲明白。我们先来讲一讲“五只鸡”的故事。

一开始，众华村里负责给大家送信的，是一只强壮的大公鸡。它跳得高，跑得快，很快就能从村东的牛家赶到村西的朱家，声音嘹亮地说：“牛老大让我告诉你，明天一块儿去后山！”

一年又一年，大公鸡忙得不得了，它的大嗓门每天响遍村庄。让它感到奇怪的是，一些村民从来不找它传话，宁愿自己辛辛苦苦跑一趟。

大公鸡恼火地想：“他们是嫌我收费高吗？我这么辛苦地跑来跑去，自然要多收点儿钱呀！就算有时候送错了口信，只要再付一笔钱，不就能重新送吗？”

有一天，村里来了新的送信员——一只瘦小内向的杏花鸡，个头不

到巴掌大，轻声细语的。

渐渐地，几乎所有村民都开始找杏花鸡帮忙了。大公鸡慌了，去找朋友打听情况。

牛老大不好意思地说：“是这样的，我一直想请村南的牛花花一起去野餐，但你嗓门太大，一说话左邻右舍都知道了。杏花鸡声音小，只有收信人才听得到……”

大公鸡一跺脚，又气哼哼地去了朱家。

朱老三说：“你知道的，我喜欢给朋友讲故事，但你能一家一家都讲一遍吗？杏花鸡会写字，它可以把我讲的故事写在纸上，送给我的朋友们传阅。”

大公鸡呆呆地瞪着朱老三，无话可说。从此，它过上了退休生活。

杏花鸡在众华村里工作了好多年。一天，来了一只打扮入时的火鸡。

火鸡心里明白，自己的模样在村里显得格格不入，肯定不容易被他们接受。它开始轮流拜访村里的人家。几天下来，越来越多的人喜欢上了它——

它博学多识，又多才多艺，不光可以送信，还能活灵活现地模仿送信人的神情姿态；要是有人孤独内向，不愿意跟人来往，善良的火鸡还会去陪他打牌、玩游戏。

杏花鸡安安静静地做着自己的工作，来找它的村民却越来越少了。

几年后，火鸡渐渐有些忙不过来，开车都来不及。村民站在门口，左等右等，才看到火鸡满头大汗地跑过来：

“刚刚堵车了！您有什么需要吗？”

村民叹了口气：“唉，本来还想让你放部电影给我看的，现在天都快黑啦。”

火鸡只好赶往下一户人家。几分钟后，它又堵在了路上。

一只机器鸡落到它的车顶：“你回家好好休息吧，村子里的事情，由我们处理就好了。”

“我们？”火鸡四处张望了一下，不知何时，天空中出现了成群结队的机器鸡，长得一模一样。它们不仅不怕堵车，还飞得飞快。火鸡突然意识到，自己可能失业了。

众华村里几乎每个村民都雇用了一只机器鸡，让它帮忙处理一切事务。

机器鸡尽心尽力地工作，只是，它干的活越多，村民们要求越多。

“订两份咖喱土豆！再下载一部电影！”

“主人，我的空间已满，装不下新电影了。”

“又得清理内存了……对了，顺便再买两杯饮料。”

“主人，您要点什么饮料呢？”

“这么长时间，你还不知道我们喜欢喝什么吗？”主人无奈地摇摇头，“还是不够智能啊……”

男主人坐在沙发上冲着女主人说道：

“等‘影子鸡’上市了，我们就买一只回来吧。据说它特聪明，会把我们的家务、工作安排得明明白白，比我们还了解自己。而且，再也不用下载电影了，它能流畅地在线给我们播放，一秒都不用等！”

“五只鸡”的故事讲完了。

是的，大公鸡、杏花鸡、火鸡、机器鸡和未来的影子鸡，就是1G到5G通信技术的演进发展历程。而这一历程，也决定了人类手中通信设备的升级变化。

声音嘹亮，收费高昂，有时候会送错信的强壮大公鸡——

1G通信技术只能传输语音，通话质量不好；1G的保密性很差，经常出现串号、盗号的现象，容易被窃听。当时通信资源匮乏，设备昂贵，一部“大哥大”能卖到上万元，手机话费更是高达上千元，普通人哪用得起呀。

1999年，大公鸡正式退休。

个头不到巴掌大，轻声细语，会写字的杏花鸡——

2G时代，我们不仅能用手机打电话，还能发短信、彩信，订阅电子报纸，下载音乐等。

那时候，发短信成了最时髦的社交方式，越来越多的人开始变成“低头族”。如今我们的“手机依赖症”和很多使用偏好，都能追溯到那个时代。

模样难以被大众接受，但很快用才艺征服众人的火鸡——

正如故事中所说，火鸡是开车上班的，速度更快，能做的事情也更多了。3G时代开始后，我们可以用智能手机下载五花八门的软件，一部手机就是一座小小的游乐场。但这个时候，流量还是比较贵的，人们往往不能随心所欲地使用。

更大的问题是，即使流量充足，也常常因为网络不好，造成数据“堵车”。

不怕堵车、速度飞快、有众多同类的机器鸡——

在杏花鸡和火鸡的时代，我们下载一张图片可能需要几分钟时间。现在呢，我们随时都可以点开图片和视频在线观看。不过缺点是，在观看的过程中，会有很多文件必须要下载到手机里，导致手机内存常常不够用。

由于流量价格降低，人人都离不开实惠好用的机器鸡啦！只是，想象力和创造力无限生长的人们，怎么可能就此满足呢?

暂时还没有和人们深入接触的、活在传说中的影子鸡——

机器鸡听说，影子鸡来了以后，不仅仅是智能手机，手表、家电、汽车、楼房、街道，以及工厂车间、农田水利、电厂煤矿……整个人类社会都能被它管理得井井有条。对啦，人们不再需要花费时间去清理手机内存啦，任何软件都可以在线运行，数据都被保存在遥远的云端。它还会记录使用者的喜好，为使用者省去各种重复性的步骤。

也就是说，影子鸡比机器鸡更灵敏、更轻巧，更懂人类。

机器鸡：“我一点儿也不伤心，因为我是没有感情的机器呀。”

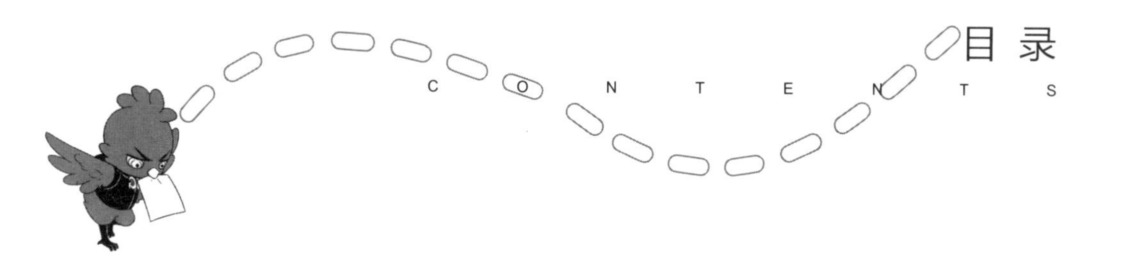

目录

第一章 所有道路在这里交会

第二章 变形金刚正式诞生

第三章 聪明的路

目录

CONTENTS

第一章

所有道路在这里交会

5G+ 新时代：比我更聪明的万物

我叫芒果，今年上五年级，机器鸡是住在我们家的小鸡，负责为我们的手机、平板、电视等电子设备提供通信网络。

上小学前，我家的网络还是Wi-Fi（无线局域网），虽然一个人使用时感觉很稳定，但是只要爸爸妈妈同时上网，就会出现卡顿、掉线的情况。我总是能听到爸爸妈妈的抱怨。

“下载一张照片都要等半天！”爸爸说。

“高清电影看着真不爽，动不动就卡。算了算了，我还是刷刷新闻吧。”妈妈说。

“完了完了，今天第五次掉线了，队友会骂死我的！”爸爸愁眉苦脸，等待游戏重新登录。

“掉线了正好。”妈妈黑着脸说，“去把菜炒一下。”

后来，爸爸妈妈淘汰了Wi-Fi，换上了网络独立的机器鸡。自从机器鸡来我们家以后，爸爸玩游戏就很少掉线了。

我上小学以后，爸爸妈妈给了我一部老款的手机，平时我偷偷带去学校，出门也随身带着。这样，他们随时都能知道我在什么地方。

这款手机没有彩屏，没有安装任何娱乐软件，通话套餐里也没什么流量，只能打电话、发短信。所以，机器鸡几乎不怎么需要来学校找我。

只有周末在家的时候，我才能用妈妈的手机玩玩游戏，在平板电脑上看看电影，痛快地跟机器鸡一起玩。

在火鸡（3G）时代，我们精打细算地使用3G流量，而机器鸡（4G）来了以后，不仅速度快了，流量套餐包的价格也已经平民化。它让很多事情变得轻而易举，我不敢想象没有它的世界——虽然机器鸡才诞生了几年，比我年纪还小呢，但抵不住它本领大呀！

我以为，机器鸡会一直陪着我长大，陪我一起去丰富多彩的网络世界里冒险，等我长大以后，有了自己的手机，就可以在机器鸡的帮助下，随时随地跟外国朋友视频通话、联机打游戏、在线观看世界各地的精彩视频。

或许是我们太依赖机器鸡了，给它安排的工作非常多，所以偶尔还是会出现网速慢甚至断网的现象。

“机器鸡已经很努力啦，耐心等等就好啦。”刚刚放学的我，忍不住帮好朋友机器鸡说话。机器鸡静静地站在旁边，虽然一言不发，我依然能感受到它的落寞。

妈妈一瞪眼，冲着爸爸说道：“别嫌影子鸡贵了，我们购买的流量套餐用完之后，多付的流量费也不便宜！联系通信公司，让他们派影子鸡过来吧。”

于是爸爸兴高采烈地开通了5G套餐。

开通套餐的下一秒，影子鸡就来了。

来的还不止一只影子鸡，而是好多只，它们齐刷刷地闪现在屋子各处。一只站在门廊，一只站在书房门口，一只站在客厅中央，一只站在阳台向我们张望。

和机器鸡一样，所有的影子鸡都长得一模一样：淡淡的黑影，没有自己的影子。我家的房子，好像被“幽灵”占领了。

我抱着机器鸡瑟瑟发抖。机器鸡要是有羽毛，现在肯定吓得奓毛了。

爸爸妈妈也都傻了。

“怎么……怎么这么多？”

客厅里的影子鸡向前闪现了一步，十分礼貌地说：

“如果你们不习惯，那我们先合成一体好了。”

说着，屋子四处的影子鸡迅速向中间靠拢，与客厅的影子鸡合为一体。此时，这唯一的影子鸡颜色变得更加黢黑了，整个轮廓也变得清晰起来。

影子鸡解释道：“我可以单独分身出来，每个分身分别负责游戏、影视、视频通话等多项任务需要的网络通道，互不干扰，这样，就不会发生一项任务进行时，其他任务都很卡的情况了。”

“难怪，好厉害的影分身啊……”爸爸喃喃地说。

“所以，”影子鸡接着说，“在以后的工作中，我会安排各种各样的分身去应对不同的设备需求，比如手机、电脑、电视、手表、智能家电等。到了外面，还可以控制汽车、楼房、街道，以及工厂车间、农田水利、电厂煤矿，甚至整座城市。”

“这太不可思议了！”我惊叹地说，“昨天我跟外公视频的时候，他说他的农场早就有影子鸡了，发生了好多的新变化，我真想马上过去看一看！”

“你们现在就可以在家里感受一下。”影子鸡热情地邀请道。

“我来我来！”爸爸立刻拿起手机，开了一局游戏。影子鸡不慌不忙地站到手机旁边，网络一如既往地流畅。

接下来，妈妈拿起茶几上的平板电脑，点开了一个超高清演唱会直播。影子鸡无声无息地分出了一个分身，站到平板电脑前面。演唱会流畅极了，一点儿都没有卡顿，舞台效果让人目眩神迷。

“太好了，终于可以顺畅地看演唱会了。”妈妈如释重负，“以前能完整地播放几秒钟就不错啦。”

我开心得随着歌曲在沙发上蹦了起来。

就在我蹦高的时候，我看到机器鸡孤独地站在远远的墙角。

爸爸妈妈还沉浸在兴奋当中，除了不停地打开家里的各种智能家电，欣赏影子鸡一个接一个地派出分身外，他们还有一大堆问题要问影子鸡呢。

但是，机器鸡比爸爸妈妈更快地把问题问了出来：

“这些，你都是怎么做到的？”

影子鸡看了这位“前辈”一眼。我能感觉到，它的眼神中充满敬意，丝毫没有高傲或嫌弃。

“我做的工作其实和您的差不多。”影子鸡规规矩矩地回答，“所以很多人还搞不清4G和5G到底有什么区别。如果您乐意听，我就细细跟您讲。”

“我很乐意学习这一切。”机器鸡认真地说。

我赶紧搬个小板凳坐在旁边：“我也是！”

“芒果真好学啊，爸爸为你感到骄傲。”爸爸兴冲冲地夸奖了我一句，接着埋头打游戏。

妈妈气呼呼地摇头：“芒果，你可千万别像爸爸一样不求上进，一定要学习外公，做一个厉害的人！”

“嗯！”我鸡啄米一样地点头，“妈妈，什么时候带我去外公的农场参观参观呀？”

才刚见识到影子鸡的神奇之处，我就迫不及待地想看看被影子鸡管理的农场了。

妈妈想了想：“明天吧，带你去外公家玩玩。”

“好耶！”我欢呼起来，突然意识到机器鸡还在等我一起听影子鸡讲课，于是赶紧安静地坐下来。

影子鸡赞许地向我点点头，说：“那么，我开始讲分身术的原理了。”

所谓分身术，其实是人们为了解决4G时代网络拥堵问题想出来的办法，正式名称为“网络切片”技术。

通信网络，就像城市里的公路，每一位用户就像每一辆汽车，在网络“公路”上来回行驶。

渐渐地，车辆越来越多，路面就会越来越堵。路上车辆的种类太多了，有小轿车、面包车、大客车、重型货车等，它们的速度各不相同，出行时间也不一样，一旦凑到了一起，就会造成交通拥堵，甚至彼此还会产生“摩擦”，造成事故。

换句话说，无数只机器鸡带着各自的任务在路上飞奔，即使它们跑得再快，被四面八方的同类堵在十字路口，也只能无可奈何地停在原地，等候交通状况恢复正常。

这就是爸爸打游戏的时候，妈妈播放视频就会卡顿的原因了，网络信号“堵车”了呀！

总之，随着人们各种需求的进一步开发，路越宽，车越多，交通越拥堵，成了一个怪圈。

怎么破解呢？

如果是现实世界里的堵车，交通管理部门的办法，是针对不同车辆和出行需求，对公路进行“分流管理”：

比如，开辟专门让公共汽车行驶的公交专用道、快速公交道、非机动车专用通道等；还可以修建环城公路，让长途汽车不用穿越城区，减少市内交通压力。

可以总结为一句话：分类管理，灵活组合，让大车、小车、火车、自行车都在各自的专用通道上有序行驶。

回到通信网络领域，如果通信网络也能够实现灵活的管理方式，为不同用户需求开辟出专用通道，那么不仅能够解决网络拥堵问题，而且在专用通道内，用户的体验感会更好——打游戏再也不会断线，看电影再也不会卡顿。

这就是影子鸡的分身术，5G的独门秘籍——“网络切片”技术。

机器鸡听到这里，默然不语。它怎么会不知道网络“堵车”的情况呢？多少次它被堵在路上，心里焦急不已，无论是完成任务还是中断任务，免不了得挨上一顿骂。

“科学家是怎么发明‘网络切片’技术的？”我察觉到机器鸡的心情更低落了，便帮它问了一句。机器鸡向我投来感激的目光。

“这就要提到建筑业带来的灵感了。”影子鸡礼貌地忽视了机器鸡的失落，专心回答我的问题，“如今，建筑业的一大变革，是‘装配式’建筑的日渐普及。”

“装配式？”

“对，就像你玩的乐高积木一样，现在可以像搭积木一样搭房子。先制造出不同的部件，再运到工地装配成房子，灵活组合。伟大的建筑师们还计划，在未来，盖房子不仅可以像搭积木一样，用拼装的方式快速拼建一座房子，还能在住腻的时候，很容易地把部件拆下来，再拼建一座新房子。”

“哇，我在不少动画片里看到过这种房子呢！”我兴奋地插嘴。

“对呀，传统的房子一旦建成，只能在内部搞搞装修，不能从结构上进行改建，房子的形态还是保持不变的。很死板，又麻烦。”妈妈在旁边听得出神，也忍不住加入讨论。

影子鸡点点头："是的，所以科学家们就想，这种新的建筑思路，要是迁移到通信网络中，会怎么样？他们针对各行各业的多样化业务特点，像搭积木一样，把不同的网络通道搭了起来，能够快速承载起各种新业务，满足人们的多元化需求。这就是'网络切片'技术的由来。网络切片，是在统一的基础设施上，'切'出多个'端到端'的网络通道，把游戏公司服务器上的游戏数据、视频平台服务器上的视频数据，分别和个人的手机、电脑直接连接起来……"

我们这边讨论得热火朝天，懒惰的爸爸却一直躺在沙发上打游戏，好不容易看我们安静了几秒钟，赶紧见缝插针地说道："是不是该吃晚饭了？"

妈妈瞪了他一眼："我现在不想做饭。你让机器鸡去买——"

她话说到一半，影子鸡就接话道："我派分身去吧。"

影子鸡是好意，它看机器鸡听得全神贯注，不忍心让它中途跑去干活。可是机器鸡心里更憋屈了，我连买外卖的资格都没有了吗？

不料，爸爸却点头赞同影子鸡的主意："就这么办。"

机器鸡发出一声金属的哽咽，冲到我房间里去了。

与此同时，影子鸡的分身已经瞬间下好了单："骑手还有两分钟到店取餐。"

爸爸妈妈都满意地点了点头，这种毫不卡顿、接近心想事成的感觉，真是太好了！

我很不放心，频频看向大门紧闭的房间。影子鸡安慰我：“别着急，我们继续讲课，它肯定忍不住要继续听的。”

也是，这时候什么安慰都不管用。革新的过程中，无数过时的技术都纷纷遗落在历史的长河里，只能等机器鸡自己想通，坦然地离开。

“那你继续讲网络切片的原理吧。”我催促影子鸡。就在它不紧不慢的讲述中，我们家的外卖到了。

我点的是芝士鸡蛋三明治，爸爸妈妈点的是黑椒烤红肠片。边吃边听讲，真香。

影子鸡起初讲得有点儿难懂。它说，一个理想的网络切片，要满足三方面的要求：

“端到端”完整：每个网络切片都包括无线接入网、承载网和核心网三部分切片，能够独立完成不同的功能，比如打游戏、看动画片、视频通话等。

隔离性要好：切片之间，要具备安全隔离、资源隔离和维护隔离，一个切片出现异常，不会影响其他切片正常运行。

灵活性强：能够根据不同业务的需要，灵活提供不同的网络容量、生命周期和分布式部署，以免出现通道或资源浪费的现象。

它讲完之后，我一脸茫然。妈妈好像大致听懂了，拿过我啃了一半的三明治，问影子鸡：

“也就是说，如果整个网络是一个大的三明治，把它切成四块‘小三明治’，那么，每块从上到下包括面包层、酱料层、鸡蛋层、蔬菜层、芝士层，不仅食材全面，味道完整，还可以提供给不同的朋友单独享用。是不是这个意思？”

“正是如此。”发现妈妈完全理解了它的说法，影子鸡很开心地点点头，“‘切片’就像切香肠、切面包、切三明治，根据自己的口味决定切法。你希望你家里或工作场所的通信网络有几种功能，就切成几块，基于不同应用场景对网络的需要来决定切法。”

不知何时，机器鸡也出来了，站在不引人注意的角落里，静静听着。听完“三明治切片理论”，它冷不丁问道：“为什么我们负责的4G网络不需要切片？”

影子鸡愣了愣，很愉快地回答：“因为，你们主要服务于个人呀。只要主人拿起智能手机，就可以通过4G网络使用不同的软件和网页功能。”

“那你呢？”机器鸡不服气地追问。

“我们啊，要做的事情就更多了，”影子鸡真挚地说，“在人们享受4G的时代，科学家们不停地采集数据，总结人们的使用习惯和新生需求，因此我们为万物互联服务，需要用网络通道连接大量不同的设备。”

“我连接的设备也很多啊！”我头一次看到机器鸡委屈和发脾气的样子，心想，它才不是它嘴上说的那样缺乏感情呢。

影子鸡的回答，依旧和和气气的：“不，我们不仅服务于你熟悉的手机、电脑、平板。虽然咱们做的事情差不多，但我们的工作更有针对性，应用场景更广泛。无论是交通、家居、工厂、商店、学校还是野外，每个场景对网络性能的要求各有不同，最后细分出来的服务场景，可能有成千上万之多，所以我的每一个分身，都知道该如何去做独立的任务，满足人们个性化的需求。”

机器鸡被“成千上万的服务场景”震住了，讷讷地不知道可以说些什么。

影子鸡安慰它：“其实，我们一开始也什么都不懂，很多事情都是机器鸡前辈在实验室里用亲身经验来教会我们的，所以不要担心，您继续往下听，就会很快明白的。”

机器鸡犹豫了一会儿，默默点了点头。

影子鸡笑了起来，语气更加轻松了：

“从网络需求的角度来说，我们最主要的应用场景有三个：移动宽带、大规模物联网和关键任务型物联网，这三大场景适用于不同的业务种类，对网络的要求也各有侧重。”

“移动宽带我知道！”我抢着说，“后面那两个是什么？”

影子鸡笑着摇摇头：“不，恐怕我说的移动宽带和你熟悉的还不一样。它是‘增强型移动宽带’。国际电信联盟（ITU）对5G三大应用场景的官方称呼分别是增强型移动宽带（eMBB）、海量机器类通信（mMTC）、低时延高可靠通信（uRLLC）。”

随着它的讲解，客厅墙上的电视屏幕自动开启了，把它所说的关键词一个一个投射在上面，方便我们理解。

影子鸡真的太贴心了！我激动地想。但我忍住没有夸它，免得机器鸡又沮丧起来。

“增强型移动宽带，是指在现有移动宽带业务场景的基础上，对于用户体验等性能的进一步提升。”影子鸡这回是面向机器鸡说的。机器鸡点头，它的感受太强烈了，它亲眼见证了主人们对影子鸡的满意赞许，游戏、视频、点外卖都那么顺畅……想着想着，它又垂下脑袋，委屈了。

影子鸡接着说：“不光是现在大家日常使用的功能，还有未来将要普及的技术，都非常依赖增强型的移动宽带。”

“比如说呢？”我很好奇它所说的未来技术。直觉告诉我，它们会很好玩。

影子鸡没有直接回答我的问题，却反问我：“你喜欢看球赛吗？”

我还没出声，爸爸就抢着回答：“喜欢！”

妈妈埋怨他：“这有啥好骄傲的？干啥啥不行，玩乐第一名。”

影子鸡说：“就拿球赛直播来举例吧。直播不是一件新鲜事儿，你们恐怕想不到它的历史有多久远。”

“二零零几年？”爸爸随口猜道。

“不对。”

“90年代？”妈妈也猜，“我记得不是很清楚了，印象里，《新闻联播》是1996年才开始直播的，以前都是录播。”

影子鸡又赞赏地看了妈妈一眼：“是的，但比这还要早很多呢，我国1983年的春晚就使用了直播的形式。再往前推，1937年，英国首相张伯伦从德国慕尼黑谈判归来时，就有三架摄像机同时拍摄，实况播出。这被认为是世界上第一次正式直播的新闻事件。”

“哇……”这远远超过了我的想象。

影子鸡接着说：“随着通信网络的发展，直播效果越来越好，也越来越方便。1985年，历史上规模最大的实况直播之一‘拯救生命演唱会’，竟然动用了13颗卫星，才让广播电视网的直播信号覆盖了110个国家的电视机。而在4G的年代——”它怀着敬意，望向机器鸡，“——人类可以用手机和电脑，在几乎所有地方观看直播。”

机器鸡不由自主地挺直了身板。

“而近年来，各大直播场景越来越多地使用了5G技术。”随着影子鸡的解说，客厅电视屏幕上出现了2009年国庆60周年庆典，车队在阳光下缓缓行进，镜头照顾到了各个角度，“为了拍摄移动视角中的军队，需要提前在路边安装多个微波中继器，并铺设长距离光缆来上传画面，设备部署起来非常麻烦。”

屏幕一闪，这回是2019年国庆70周年阅兵仪式：“除了靠微波和光缆传输的画面，还可以看到通过花车上的视角实时直播的长安街的景象！这时，不需要再那么麻烦地安装设备了，花车上有一个小小的‘5G背包’，里面装着高度集成编码器和5G的模组，通过与摄像机简单连线，就能和附近现成的5G基站实时传送信号。这就是5G直播的第一个优势——灵活。”

“第二个优势，是高清。你们刚刚已经体验过了，但在直播里，这个优势更加明显。”影子鸡把画面切到了一个篮球比赛直播，“你们看，现在可以选择8K超高画质的球赛了！”

我眨眨眼睛，不由自主地露出笑容。这个清晰度，看起来实在是太舒服了，简直就像在现场看比赛！

“而且，可以多视角观看，随时切换自己喜欢的视角。”影子鸡一边说着，一边不停地切换视角，我非常痛快地全方位欣赏了一次精彩绝伦的扣篮瞬间。

“打得太好了！”

我们都在兴头上，影子鸡却把画面给暂停了。

“怎么了？”我迷惑地问。

“家里有VR（虚拟现实技术）眼镜吗？”

“有有有！”爸爸一跃而起，从柜子里拿出VR眼镜，一人一副。他从不吝惜花钱买这些新兴的玩意儿，为此，妈妈没少说他玩物丧志。但此时妈妈没再说话，而是跟我们一样，期待地戴上了眼镜。

影子鸡再次播放球赛。

这次，我们仿若来到了球场，坐在最前排的座位，零距离观赛。我的脑袋转向什么方向，就能看到那个方向的球员在进攻、防守、投篮……当篮球朝我们这边砸过来时，我和妈妈齐声惊呼着躲开，结果在沙发上撞成了一团。

“太带劲了！”爸爸摘下眼镜，哈哈大笑，“这简直就是免费现场看球了嘛！”

“确实如此。”影子鸡点头赞同，“5G技术的目标，就是要不断逼近甚至超越现场看球的体验。但这一切都需要数据传输速度的支持。要知道，画面分辨率越高，带宽占用就越大。在4G时代，上行带宽勉强达到10Mb/s（数据传输速率单位），仅能满足1080P（一种视频显示清晰度）的传输需求，而5G的上行带宽可以轻松突破100Mb/s，不管是观看演唱会的超清直播，还是用VR眼镜零距离看球赛，都完全没问题！而且，有‘网络切片’技术的支持，就算你一边看超清直播，一边打大型网络游戏，一边跟朋友视频通话，一边看电视剧，都流畅无比！”

我被影子鸡铿锵有力的讲解给震晕了，对那些名词半懂不懂。但数字我是听明白了，4G的10Mb/s，和5G的100Mb/s，肯定不是一个等级的嘛！

“还有——”

“还有？”机器鸡发出了轻微的哀叹声，光是之前说的那些，就已经把它打击得体无完肤了。

“通过5G技术，就连珠穆朗玛峰上的风景，都能用VR眼镜观看了。”影子鸡说着，把电视画面从激烈的球场赛事，切换到了空寂的雪山。我赶紧重新戴上眼镜，顿时置身于珠峰的冰天雪地之中。

“这我就更做不到了。”机器鸡泄气地说，它刚刚偷偷查了一下，珠峰上有五个5G基站呢，信号能直接覆盖珠峰峰顶！

它第一次深切地感受到，自己真的过时了。

“我输了。”它真诚地对影子鸡点点头，“接下来，请你好好照顾这个家。”

然后，机器鸡走到我面前，用一板一眼的机械声说：“芒果，再见了。”

我一下子泪流满面。即使它极力掩饰，那机械声中仍然有不易察觉的颤抖。

它终于和电话簿、小灵通、公用电话一样，慢慢失去了在人类社会的位置。

但我一定会记住，它曾经给我们家带来那么多年的欢乐时光。

机器鸡甚至都没有再多留一晚上，就匆匆离开了我家。最难过的是我，爸爸妈妈好像都不太在意。也许大人已经习惯离别和更新了吧。

影子鸡全面接管了我们的房屋。

临睡前，影子鸡简单地告诉我们：

“刚刚提到的海量机器类通信，指的就是我能够掌控各种可联网的物品，包括家具、灯具、家电等。但是这间屋子里的智能家居太少了，我没有什么用武之地，就连车库里的那辆车，都不是支持5G技术的……”

爸爸的脸“腾”地红了，这简直就是在赤裸裸地嫌弃他的购物能力：“明天我就去买！水表、垃圾桶、自动橱柜、自动驾驶汽车……我都买回来！”

“那么冲动干什么？”妈妈责怪他，“家里的钱可不够你乱花的，好好计划一下，别给芒果当坏榜样！”

而我呢，慢吞吞地穿上睡衣，开始遐想以后的生活。

会像童话故事里一样，拥有一座心意相通、应有尽有的会说话的房子吗？

我应该很快就会知道了。

第二天是周六，妈妈带我去外公的农场。

昨晚影子鸡提到的网络切片第三个厉害之处，就是“低时延高可靠通信”。

它主要面向那些有特殊应用需求的业务，比如无人驾驶、智慧工厂、远程医疗等需要低时延、高可靠连接的业务。这些需求，对高稳定、低延迟的要求极为苛刻，即使是我们肉眼察觉不到的延迟情况，在这些场景下也可能会造成“失之毫厘，谬以千里”的后果。像在智慧工厂里，由于每台机器都安装了传感器，信息通过传感器传输到后台，再由后台下指令给传感器，这些过程都需要低延迟的传输，否则就会出现安全事故。

所以，外公早早地就为自家工厂和农场安排上各种5G技术支持的设施了。

我和妈妈坐在后排，爸爸发动汽车，影子鸡早已在副驾驶上坐好了，询问我们想听什么音乐。

“随便，随便。”爸爸忙着把车倒出车库。影子鸡按照它在爸妈手机里采集的数据，组成了一个新的歌单，开始用车载音响播放。

外公的工厂在城西郊区，大概需要半个小时的车程。我们在车里又开始继续昨晚的话题。爸爸妈妈和我都太想了解关于影子鸡的更多神奇之处了。

“那么，你们现在想问什么呢？”影子鸡问。

“房子，讲讲你要怎么管理我们家的房子，我好知道先买什么家具回来。”爸爸兴致勃勃地说。

“我倒是想知道，你刚刚在这么短的时间内，是怎么选择出一个符合我们口味的全新歌单的？”妈妈慢悠悠地说，“一般的音乐软件需要使用好长一段时间，才能比较准确地推送符合用户爱好的歌曲。”

比起爸爸的问题，妈妈的问题显然更加具体，更好回答。

影子鸡说："只不过是让大数据服务于人工智能罢了。我通过分析你们手机、电脑里过往使用数据，计算出音乐偏好这种小问题，实在太简单啦。"

"大数据，人工智能？"妈妈若有所思，"这不都是早就出现的概念吗？"

"是的，但在机器鸡前辈的4G时代，这两者的结合，仅仅存在于理论之中。它的基础，一是足够庞大的数据量，二是数以亿计的设备连接。只有5G技术才能做到这一点。5G就是新一代信息高速公路，用最快的车速、最充足的车道，将海量数据和信息及时传递到目的地——人工智能的云端大脑，帮助它完成自我学习和进化，变得更接近'人类智能'，可以思考问题和控制行动，帮助人类完成各类工作。"

"那……我们要怎么做呢？"妈妈虚心地问。

"你们'喂'我越多数据，我就能越快地分析、满足你们的需求，'喂'得足够多、足够快时，就能形成足够有效的模型，更快地解决以后遇到的类似问题。就像培养孩子深度学习一样，不断'喂'给孩子各种题目，做题，做题，做题，渐渐地，孩子就知道用什么模型来做题目了。"

我满怀同情地望向影子鸡，原来它和我一样，也要天天做题、啃书本啊。

影子鸡总结道："说到底，人工智能、云计算、大数据都已经存在很久了，只是在5G技术出现以后，它们才能够流畅地合作运转起来。"

说到数据，爸爸想起来他的手机空间又不够用了："看来还是得买一部大容量的新手机啊。”

“有了我以后，就不用了啊。”影子鸡提醒他，“以后你的所有照片、音视频、文件，我都可以帮你上传到云端，需要哪个，重新下载就可以了。速度特别快，就像一直在你手机里一样。你不再需要买大存储的手机了。”

“对哦！”爸爸恍然大悟，“就像以前要用各种软件，还得专门去下载，但是这几年出现好多免下载、免安装的小程序，用起来是一样的，又不会占手机内存，就是有时候还是觉得运行速度不够快……”

“因为以前还是4G嘛。”影子鸡欢快地说，“有了我，小程序会像专门下载的软件一样运行得飞快。现在我们年纪还小，还有很大的发展空间。在未来，手机也许就只剩下一块电子屏幕，所有的数据都可以借助5G传递到云端处理器，处理后的数据再返回屏幕终端，强大的云计算能力和5G的高速连接，让我们绝不会感觉到云端的计算有什么延迟问题。”

“啊……”比起爸爸听到这个消息的开心，妈妈却表示担忧，“该不会让我们为云端储存和处理数据再另外付很多钱吧？”

“云端处理海量数据的成本确实非常高。”影子鸡认真道，“所以，并不是所有数据都放在云端集中处理的。您放心，还有边缘计算技术辅助呢！”

“边缘技术？贵不贵？”妈妈现在一门心思想省钱，因为爸爸正在一门心思打算花钱。

影子鸡解释说：“边缘指的是分散的设备终端，相对于集中的云端而言，边

缘的终端最靠近数据源，用来处理数据，有显而易见的好处：

“不需要长距离传递数据，没有延迟问题，响应更快。

“减少传递过程中的损耗，数据可靠性更高。

“能够加强数据安全保护，特别是用户隐私。

“记住用户的使用习惯，实现个性化定制服务。”

妈妈想通了：“所以，刚刚其实你已经使用了边缘计算来定制喜爱的歌单，这个费用是包含在我们购买的原本的5G套餐里，是不是？”

影子鸡点点头：“是的，我们被创造出来的主要目的之一，就是处理‘边云结合’的大数据呀。云端负责处理海量数据和复杂的计算，同时将结果反馈给终端，帮助终端向用户提供更准确的服务。终端在用户需求上最快速度响应，并通过软硬件结合进行个性场景的处理，减轻云端的负担。而我呢，就是它们的媒介渠道，因为5G有高速率、大容量和低时延特性，可以将云端和终端串联在一起，形成‘云端—5G—终端’的系统平台，为人工智能技术在各个领域的应用保驾护航……”

汽车驶过纵横交错的道路，往郊区开去。我们路过了一座座耸立的大厦，繁华热闹的商业广场，又驶过一座座现代化的工厂，整齐划一的农田……影子鸡和我一起趴在车窗前，它时不时地跟我说，它能感觉到，大楼、广场、工厂和农田里，已经处处都有它的小伙伴了。

在5G技术的帮助下，越来越多的物品更加通情达意、灵活便捷地为人所用。人类和万物，就这样借助无形的高速网络道路，畅通无阻地连接到了一起。

出现吧！传说中的影子鸡！

大家好！这里是众华村“网络通信鸡王争霸赛”的现场直播！
网络通信鸡王争霸赛
这次比赛将决定下一年由谁来为村里送信。
参赛选手阵容豪华，分别有1G的大公鸡、2G的杏花鸡、3G的火鸡……
4G的机器鸡和传说中的5G……咦？！影子鸡呢？！

比赛开始！
砰！

哼，今年的冠军绝对是我机器鸡！影子鸡一定是怕输，不敢来比赛了！

目前机器鸡遥遥领先。
很遗憾影子鸡不知什么原因到现在还没出现，看来是……
看！那是什么？！

噗噗噗噗噗
是影子鸡！
影子鸡！
请叫我影子·夜礼服假面·鸡。

影分身术！
跃下

落地
轰！

从右开始，分身报数！
一
二
三
四
五
六
七
八
……

10分钟后……
好！集合完毕，5G网络大桥马上开工！

第一分队负责“网络切片”！
网络切片技术：就是在统一的基础设施上，切出多个并行的网络通道。
第二分队“拼接网络”！
“端到端”完整：每个网络切片都包括无线接入网、承载网和核心网三部分切片，以独立完成不同的任务。
老大，那里有只鸡上班时间划水！
灵活分布：根据不同业务的需要，可提供不同的网络容量、生命周期和分布式部署，以免出现通道或资源浪费的现象。
你不要过来！
哈秋！！！
隔离性要好，切片之间，要具备安全隔离、资源隔离和维护隔离，这样一个切片出现异常，不会影响其他切片正常运行。

5G
众华村
5G网络大桥
落成!!!!

轰轰
影子车队，
出发！

2G
1G
4G
5G
终点
起点

终点

欢呼
恭喜影子鸡
获得冠军！
影子鸡！
影子鸡！
1
2

影子鸡，我们
输得心服口服。
我们也是时
候离开了。

放心吧，前辈
们，以后村里
的网络通信就
交给我吧！

网络通信退休办
光荣
福
……
哟，来了。影子
鸡跑外卖就是快。
Pizza

第二章

变形金刚正式诞生

5G+汽车：能开上路的智能机器人

一路上颠颠簸簸，我也不知不觉地打起了瞌睡。

——急刹车！

我差点儿飞到前排去，幸好系了安全带。

爸爸小心翼翼地把车拐到路边停下来。

前方不远处发生了一连串汽车追尾事故，所幸无人受伤。车主们都伸出头来看热闹，交警也已经赶到了，迅速调查出了事故原因。

原来，一辆早已过了报废期限的改装车出了故障，在路上熄火了。后面几辆有自动驾驶功能的汽车都及时地停在了安全距离之外，一辆普通的老款汽车却没那么好运了，直接撞上了前面的车子。

“我明天就去买有自动驾驶功能的汽车……”爸爸心有余悸地说道。

“咱家的车子也很多年了，确实需要换了。”妈妈一边说着一边给外公打了一通视频电话。

外公的大嗓门立刻在手机里响了起来：“芒果宝贝怎么还没到啊？我这边都准备好了，保证让她今天玩个痛快！”

我凑过去跟外公打了个招呼，妈妈简单说了一下刚刚发生的事情，外公连连摇头：“早就跟你们说要换车啦，省心又安全，你们怎么还不如我这个老头子与时俱进啊？”

“自动驾驶汽车也不一定安全呀。”妈妈说，“之前不是出了好多事故吗？所以我们才迟迟没有下手，想再观察一下。”

外公不耐烦地摆摆手：“那是因为之前的科技还不够先进。你们赶紧买吧，这样我也放心一点。”

这下正合爸爸心意，他满脸笑容地说道：“好，好！尽快买！啊，现在前面的路通了，我们先出发了！”

交警处理完现场后，路上的车子一辆辆缓缓启动，绕过正在冒烟的事故车。

十多分钟后，我们抵达了工业区的入口，外公已经开着车出来迎接我们了。

外公是做水果生意的，他不仅创办了这一带最有名的水果加工厂，还在山上开辟了一大片农场，种了各种各样的果树。想到那漫山遍野、五颜六色的果实，还有流水线上种类繁多的蜜饯，我就忍不住流口水。

外公招呼我下车，往我手里塞了一把又大又红的荔枝：“尝尝，刚从山里运来的‘桂味’，新鲜着呢！你们来得正巧，这段时间正是摘荔枝的好时候！”

我一边剥着荔枝壳，一边爬到外公的车里。外公让我和妈妈都坐进他的有自动驾驶功能的汽车，只能委屈爸爸开着我家的“老爷车”跟在后面。

吃着甜滋滋的荔枝，我突然想到一个问题：“外公，你年轻的时候，世界上是不是还没有汽车呀？”

“嘿，臭丫头，我有那么大年纪吗？”外公笑着说，他已经开启了自动驾驶系统，偶尔还腾出手来帮着我剥荔枝，“你真应该多读一些书，了解一下科技发展史。外公年轻的时候，汽车早就满地跑啦。”

“哦……”我有点惭愧地点点头。

妈妈对影子鸡说：“到工厂还有一段距离，趁着这工夫，给她讲讲汽车的历史吧。”

又要上课?

我忍不住哭丧着脸望向外公。平时外公最宠我了，此刻却很赞同妈妈的提议：“是该多听听，以后说错话，人家要笑话你的。”

我只好咽下荔枝肉，认真听影子鸡给我科普。兴许是想让我学得更有动力一点，影子鸡打开车内的小电视，给我放了一段汽车发展史的动画视频。

首先出场的是一个奔跑的人，随后他骑上了马，又乘上了马车，赶路越来越轻松。影子鸡在旁边解说：“很长一段时间里，人们长途旅行都是靠骑马或坐马车……”

“我知道，古代人嘛，还没发明汽车呢。”我赶紧插嘴，虽然我根本不知道多“古”算古代。

“是的，工业革命以后，火车成为远途交通最主要的工具，帮助人们扩大了活动范围。而汽车的发明，更是在随后一百多年里，改变了我们的生活方式。”

我闭上了嘴，安静听讲，生怕外公和妈妈问我关于“工业革命”的问题。

“火车、汽车、轮船等现代交通运输工具，都是建立在蒸汽机发明的基础上的。1712年，英国人托马斯·纽科门制造出第一台可供使用的蒸汽机——纽科门蒸汽机，并被广泛推广和应用了几十年，为后来蒸汽机的发展和完善奠定了基础。但是，纽科门蒸汽机效率实在太低，无法为工厂提供有效的帮助。后来出现了一个改写历史的人，他就是木工出身的詹姆斯·瓦特。

“1763年，瓦特所在的学校找他修理一台纽科门蒸汽机，在修理过程中，瓦特发现这台蒸汽机不仅运转慢，而且十分浪费原料，于是他开始思考如何改进。随后的几十年时间里，瓦特不断改良蒸汽机，使它的运行效率高出纽科门蒸汽机好几倍。1785年，瓦特改良的蒸汽机被大规模投入使用，大大地推动了机器的普及和发展。人类由此进入‘蒸汽时代’。”

屏幕上突突冒着白汽的火车、轮船渐渐远去，影子鸡继续说：

“蒸汽机发明出来一个多世纪后，汽车才出现在世界上，这要感谢那些致力于发明内燃机的人。汽车的发明，离不开这项最关键的技术。蒸汽机是内燃机的前身，1859年，法国人勒努瓦汲取了此前内燃机的研制成果，制成了第一台实用内燃机——‘二冲程内燃机’。他的发明与一台单缸卧式蒸汽机几乎一样，以煤代替蒸汽，运转平稳，造价低廉，十分实用，吸引了不少客户和访问者。人们开始认真考虑用内燃机取代蒸汽机的可能性。

瓦特与瓦特蒸汽机

纽科门与纽科门蒸汽机

“后来，随着热力学理论的发展，法国工程师德罗夏在对内燃机的热力过程进行理论分析后，提出了提高内燃机效率的关键措施，即预先压缩空气和可燃气的混合物。1862年，德罗夏提出了设计制造高效率内燃机的四冲程循环原理，奠定了现代内燃机的理论基础。

“德国人奥托完美地应用了德罗夏提出的这条原理。自1854年起，奥托就开始研制内燃机了，可惜一直未取得突破。在接触到德罗夏的理论后，奥托于1876年研制出第一台‘四冲程内燃机’并获得专利。他被认为是实用内燃机的真正发明者。”

“发明一件东西，真不容易啊……”我十分感慨，班上至少一半的同学在作文里写过，长大以后要当科学家，当科学家哪是那么容易的事情呢?

影子鸡点头赞同：“这还只是汽车面世前的一部分基础。内燃机发明出来以后，使用的燃料也经过了更新换代。最初的内燃机使用煤炭，但煤炭燃烧的热值低，还不易贮运，所以人们开始寻找更好的液体燃料来替代它，这种燃料，你们现在已经非常熟悉了……”

“汽油！”我脱口而出。

“没错，就是汽油。”影子鸡点点头。

外公在一边自豪地说：“芒果真聪明。”

我不由得脸红了，回答这种一年级小朋友都知道的问题，还被外公夸奖，比被批评什么都不懂还要叫人羞愧。

影子鸡继续敬业地讲解着：

“世界上第一口工业油井的开采，为内燃机的进一步发展提供了合适的轻质液体燃料——汽油。到了这一步，汽车的诞生就是顺理成章的事情了。接下来，就是看谁能够幸运地摘取这个伟大发明的桂冠。”

我挠挠头，说：“这还不简单吗？让制造内燃机的人和制造汽油的人碰个头，大家合作一下，汽车不就出来了？”

这回，影子鸡还没说话，外公就在旁边笑了：“发明创造可不是简单的一加一等于二啊。”

“没错。”影子鸡说，“现在来看，到底是谁发明的燃油汽车一直都有争议，但最关键的发明者，是德国人卡尔·本茨和G.戴姆勒，两人基本上独立发明了两种汽车。1885年，本茨发明了三轮汽车，并且在第二年申请了专利。同一时间，戴姆勒也独立研究发明了电火花点火装置，以及更具优势的汽油机，并在随后制造了四轮载货汽车。相比本茨的三轮汽车，戴姆勒的四轮汽车无疑对后来的汽车制造影响更大……”

最后，影子鸡总结道：“自从蒸汽机和内燃机出现以后，人们自然就联想到，如果在这种能源机器上装上轮子，它不就可以带我们跑到更远的地方去了吗？正是在这种想法的驱动下，才有了后来各路精英纷纷投身汽车的发明中。同样是在1885年，英国人、意大利人、俄国人都独立发明了装有内燃机的汽车。所以，第一代汽车也可以称为‘带轮子的内燃机’。”

“好了，旧汽车的历史差不多就是这样，我们该讲讲新科技了。”外公说，“我们最好在下车之前结束这堂课。”

影子鸡快进了动画，一辆又一辆形状各异的小汽车在屏幕上飞速驶过。

“接下来，我们看看世界各地正在普及的‘新能源汽车’吧。”

“新能源，这个我也知道！就是电！”

影子鸡纠正道：“确切地说，是传统的煤炭、石油、天然气、水能等能源之外的各种其他能源，比如风能、生物质能、太阳能、地热能、潮汐能等，对了，还有得到更加高效利用的水能。新能源汽车，包括纯电动汽车、增程式电动汽车、混合动力汽车、燃料电池电动汽车、氢发动机汽车等，就是利用其中几种新能源来运转。我们现在所说的新能源汽车，基本上等同于电动车，细说起来，电动车的历史，可比燃油车还要早呢！”

“为什么？”我大为不解，这也太奇怪了，简直像是在说电灯泡比煤油灯更早发明一样。

外公忍不住解释道：“因为一项发明的实际运用，不仅在于技术的创新，还在于它是否能以大众所能接受的价格在世界上通行。再好用的产品，如果价格居高不下，是没办法大范围推广使用的。”

影子鸡说："是的。自从1799年伏特制造了世界上第一块电池以后，人们就开始想：可以在电池上安装轮子吗？尽管电动车的发明比燃油车要早，但是随着全球范围内的大规模开采石油，以及内燃机技术的不断提高，燃油车越来越具有生产和使用方面的优势。到了20世纪，汽车业大发展的时代，电动车几乎被遗忘在角落，除了少数城市还保留着有轨电车和电瓶车外，我们看到的满大街跑的全是烧油的汽车啦——"

"不对呀！"我急忙提出质疑，"路上的电动车，明明很多嘛！"

"那是后来的事情了。20世纪末，由于石油资源不可再生，以及环境污染日益严重，人们重新想起了电动车。被遗忘了大半个世纪的电动车，重回舞台中央。世界各大车企，也纷纷调整战略方向，推出各类款型的电动车。短短二十多年，电动车市场风生水起，越做越大，众多知名汽车品牌开始筹划未来几年逐渐停售燃油车，专攻电动车等新能源汽车。这些也得益于各国政府的支持，现在各国纷纷公布了'燃油车停售时间表'，就是说，在未来的某个时间，将不再生产出售新的燃油车了……"

外公听着听着，脸上露出意味深长的神色来："跟我们人类一样，这些老骨头到时间就得下岗喽。"

妈妈察觉出异样，赶忙安慰道："您可别乱说，汽车哪能和人比呢？人类有脑子，只要不断学习、不断进步，就不会被淘汰的。"

外公不以为然地撇撇嘴："你才不懂，现在的汽车也有'脑子'，会思考，会学习。影子鸡，你说是不是？”

“是的。还有就是，我们到工厂门口了。”影子鸡回答。

妈妈下车时还不忘反驳外公的话：“汽车再聪明，也比不过人啊。毕竟是我们给了汽车‘人工智能’呢。”

“但是汽车并不需要学习一切，只需要学习汽车应该做的事情就够了。”外公冷静地说道，“我在买车之前，也担心自动驾驶系统不如一位老司机可靠，但是销售人员说，90%的车祸，都是由于人类的操作失误导致的。汽车可不会产生那种影响理智的情绪问题……”

爸爸此时也停好了车，走过来和我们会合。听到我们谈论的事情，问妈妈：“你不是同意买新车了吗？”

妈妈小声回答他：“我只是想安慰老爹嘛，刚刚他还伤感燃油汽车未来会被淘汰来着。”

我没心情加入大人们的讨论。食品厂里飘出来的味道又甜又香，我兴奋地加快了脚步，可是外公突然喊住了我：

“芒果啊，转一转就赶快出来，外公带你去别的厂子玩玩，然后去山上吃午饭。”

别的厂子？

我现在全部注意力都在美味的食品加工流水线上，什么也顾不上了。

但当我在果粒酸奶的生产车间流连忘返时，外公已经拎着满满一筐果脯蜜饯过来了："拿着，都是你爱吃的。咱们现在去超新星新能源汽车制造厂，有时间再回来玩。"

我糊里糊涂地抱着食品筐回到食品厂门口。这回，爸爸把我们家备受嫌弃的"老爷车"丢在一边，跟我们一起坐上了外公的车。

超新星汽车制造厂的厂长是一位很和气的小个子老爷爷，姓费。当他与我圆滚滚的外公握手时，我情不自禁地想起了动画片《狮子王》里的丁满和彭彭。

“芒果都上五年级了，真快！上次见面时，你刚出生不久，还被爸妈抱在怀里呢！”费爷爷笑着对我说，可是我一点儿印象都没有了，谁会记得刚出生时的事情呀！

外公说：“老费，你好好帮我教教芒果，让她多了解一点儿现代科技！”

“放心吧。”费爷爷又对我爸妈招了招手，“你们两个也过来一起听听，听说你们要买新车？我帮着参谋参谋吧。”

“您费心了！”爸爸妈妈赶紧道谢，跟着费爷爷一边往汽车厂里走，一边热烈地聊起来。我嚼着蜜饯，懒散地落在后面。

外公走到我身后，捅了我后脑勺一下：“芒果又在打什么鬼主意呢？”

我小声说：“我们干吗要特地跑过来看？有什么不懂的，直接问影子鸡就好了嘛。”

我们这一代小孩都养成了自学的习惯，凡是不懂的事情，先到网上找答案，实在查不到的，才会去问大人呢。

“听讲解哪有亲自来看印象深刻？听外公的话，没错的。”

好吧，我老老实实地跟上大人们的步伐。

抱着买一辆性价比最高的新车的想法，爸爸妈妈跟费爷爷聊得热火朝天。

费爷爷说，二十年前，他是一家老牌汽车企业的技术骨干。那家企业是生产燃油汽车的，当时费爷爷曾提出，电动汽车市场很有前景，建议增加电动汽车的研制生产，但领导们不同意。毕竟那是家老牌的汽车制造商，在生产发动机、变速箱等汽车核心部件领域有着多年的积累，市场地位也是十分稳固，何必投入人力物力去做电动车呢?

但是，相比燃油汽车，制造电动汽车所需的零部件要少很多，这让汽车生产的难度大大降低，越来越多的企业和创业者开始投身于这一新兴市场。费爷爷当机立断，和几位朋友一起，开创了超新星新能源汽车制造厂。

“您真有勇气！”爸爸感叹道。

费爷爷哈哈一笑：“变革可不就得需要勇气嘛。早在三十年前，我就和朋友们讨论未来汽车的发展趋势，很多设想到今天才实现。提出构想容易，真正落地实施可真是难哪。”

“太了不起了！当时你们就开始设计智能汽车了吗？”

费爷爷点点头：“那时候我们一直在想，汽车会发展成什么样子？会像电影《变形金刚》里一样，出现汽车人吗？还是像《机器人总动员》里一样，每个人都乘坐着磁悬浮的小圆球车？如今，业界已经形成了基本共识：最先普及的新型汽车，会有两项关键的新技能——智能和网联。随着5G、人工智能、物联网这些新技术一一实现，汽车行业迎来了新时期的变革，我们对它的理解，也一直在迅速变化，跟以往的设想有很大不同。”

“变形金刚？”我来劲儿了，三步两步窜到前头，“费爷爷，你的厂里，现在能生产变形金刚了？”

要是我们家有一辆像变形金刚一样的车，能思考，能说话，还能变形成机器人帮我打坏人，那多棒啊！

费爷爷笑了，说：“还没到那个地步呢。目前我们只是将一些智能技术应用在汽车上，实现辅助驾驶的一些功能。接下来要努力的目标，是增加更多实用的辅助驾驶功能，减少人为操作，让人们的驾驶体验更加方便省心。喏，前面就是自动驾驶测试场了，你们去体验一下吧。”

还不是变形金刚啊！我有点失望，又有点期待接下来的体验。

据费爷爷介绍，现在各国都在研究“智能网联汽车”，也就是互联网与智能车的有机联合：搭载先进的车载传感器、控制器、执行器等装置，并融合现代通信与网络技术，实现车与人、车、路、后台等智能信息交换共享，实现安全、舒适、节能、高效行驶，并最终可替代人来操作的新一代汽车。

日本是较早开始研究智能交通系统的国家，计划2020年在部分区域完善自动驾驶汽车的配套交通设施，到2025年实现自动驾驶汽车可以自由通行的目标。

而我国以前只有一处覆盖5G的封闭测试区，是华为和中国移动合作建造的，

在那里完成了国内首次基于5G网络的自动远程驾驶技术。现在，国内的几家大品牌汽车制造商都有自己的5G测试场了!

费爷爷的超新星厂，同样致力于生产智能网联汽车，不仅尽可能地实现了许多辅助驾驶功能，而且像手机一样拥有联网的功能——车辆与车辆之间可以联网；车辆和路测设施也可以联网。

通过5G和互联网技术，所有车辆都可以将车辆位置、速度和路线等数据信息实时传递到中央处理器，我们坐在后台就能够掌握每一辆车从哪里来、往哪里去、会遇到哪些路况。车与车之间，也随时可以相互知道对方的行动。借助网联功能，司机在驾驶座上，可以如孙悟空一样，眼观六路，耳听八方，安排最合理的路线和行车速度。在未来，即使是像我这样的小学生，也一样可以安全地驾驶汽车出行啦!

费爷爷的描述，让我激动得心直怦怦跳，接下来，费爷爷的话让我兴奋得差点儿尖叫出来！他竟然说我也可以单独进入测试场地，尝试驾驶智能网联汽车。

可是妈妈一听就慌了：

“这……还在测试的汽车……芒果那么小……”

费爷爷信心十足地说道：“放心吧，绝对安全！”

为了让其他人安心，费爷爷请外公和爸爸妈妈分别进入那辆银灰色的测试车，体验自动驾驶功能。

当他们从车上下来时，就连不会开车的妈妈都神情轻松，我不由得更加期待了。

费爷爷俯下身问我："芒果，玩过遥控汽车吗？"

"当然玩过！"

他点点头，给我拉开车门，一边指导我系上安全带、打开操作系统，一边

说：“早在一百年前，就已经发明出了你们玩的那种无线遥控汽车了，通过无线电的方式，来实现车辆的转向盘、油门、刹车等部件的远程操控，虽然这种遥控汽车不算是自动驾驶汽车，但跟我们俗称的‘无人车’很接近了。”

“哦——”这样的描述，让我对正准备乘坐的汽车倍感亲切。

费爷爷拉开车的后门，坐到我的座位后头，指导我启动汽车。真的像玩遥控汽车一样简单！

汽车缓缓地上路了，我的神经不由自主地紧张起来，费爷爷见状，便故意跟我说话，使我放松下来：

“你知道人们一开始为什么要发明自动驾驶汽车吗？”

“因为懒？”

“哈哈哈，那可不是直接原因！随着路上的车子越来越多，人们的生活中还多了两件烦心事——交通拥堵和交通事故。尤其是事故发生率随着汽车的普及而不断攀升。于是人们开始思考，如何通过技术手段解决汽车安全问题，让人们的出行更加放心可靠。虽然人们早就有了发明自动驾驶汽车的念头，但是自动驾驶汽车的发展非常缓慢，只开发了如定速巡航、雷达等辅助驾驶功能。直到最近二十来年，人工智能技术迅速发展，5G技术加入后，更是实现了各种新突破。

“芒果，你现在坐的这辆车，可以称得上是一台‘移动的电脑’，是汽车智能化的集大成者！”

“哇，那它能变成变形金刚吗？”我期待地问道。

汽车已经自动驾驶绕了测试场一圈，非常平稳，但我暂时还没发现它有什么其他特别之处。

“暂时咱们还没有开发这种有趣的功能，不过，变形金刚能做到的事情，它都能做到。”费爷爷笑呵呵地回答，“比如跟你互动啊，自动导航啊，自动避险啊……就算你睡着了，它一样能安全地将你送到目的地。我们这辆汽车，算是达到名副其实的‘无人驾驶’级别了。”

“自动驾驶跟无人驾驶，难道不是一样的吗？”我顿时有点糊涂了。

“当然不一样，自动驾驶可不等于无人驾驶哦。来，我给你说说分级制度，这样你就比较容易理解了。”

接下来，费爷爷操控车子开进了另一个广场。

这个广场上的布置更为复杂，简直就像开进了动作电影里，道路又窄又曲折，路面坑坑洼洼，到处都是路障，需要高超的车技才能开出去。有点吓人的是，还有几辆气势汹汹的车子在场内毫无规律地开来开去。

“这里是碰碰车场吗？”我缩在驾驶座上，心惊胆战地问。

“这是L4测试场。”费爷爷拍了拍我的肩膀，让我放松下来。

渐渐地，我发现我们的车子可以很灵活地变道、转弯、刹车，从来没被其他的车蹭到过。

费爷爷说：“过去的汽车完全由司机进行驾驶操作，汽车只负责执行命令，并不参与驾驶活动。随着科技的发展，自动驾驶技术的等级也在提高，到目前为止，国际上通行的‘自动驾驶’标准分为四级。

“第一级是辅助驾驶。车上配有车道保持系统或定速巡航系统，这种最初级的自动系统已经十分普及了。能够让车子按照设定的速度行驶，并在车子偏离车道时发出警报。

“第二级是部分自动化。车子配备了自适应巡航系统。这种系统通过雷达或者红外线监测，当发现障碍时，能够自动降低车速，与前车始终保持安全距离。

“第三级是有条件自动化。车上配备激光雷达、高精度地图、中央处理器，在道路条件允许的情况下，车辆可以自己完成全部的驾驶工作。驾驶者虽然不用监控驾驶环境，可以玩玩手机，看看风景之类的，但是不可以睡觉，还是得做好准备，以应对随时可能出现的人工智能解决不了的问题。现在市面上所谓的自动驾驶汽车，也就做到了这个级别而已。

“而真正的‘人类完全不参与驾驶’，至少要达到第四级，也就是高度自动化。除了车上配备雷达、地图和中央处理器以外，还需要配合道路智能化基础设施，才能达到完全自动驾驶，也就是我们现在坐的这辆车的级别。不过它现在还只能在这个测试场上活动，我们目前的道路还没全面智能化，即使把这辆车开出去，也没有合适的自动驾驶环境。等5G技术和人工智能技术全面应用于所有的道路上时，我们这种‘无人车’，才能自由自在地到处跑呢！”

“意思就是，火车发明出来了，但是轨道还没铺完？”

“正是如此！”见我这么快就听懂了，费爷爷显得十分高兴，“如今，在自动驾驶领域，存在两大‘武林门派’。其中一派是以谷歌、百度为代表的互联网公司，主张越过第一至第三级别，直接研制出第四级别的无人车，我们叫它‘一步到位’的激进派。另一派是有着深厚汽车制造业功底的日美欧车企，主张从辅助驾驶逐步过渡到自动驾驶，先成功实现第三级别，我们管这个门派叫‘循序渐进’的稳健派。”

“那费爷爷，你是哪一派的呢？”

一级智能

二级智能

三级智能

四级智能

“我啊，哪派都不站。‘激进派’的优势是人工智能技术，而‘稳健派’的优势是硬件制造，只有双方合作，发挥各自的优势，才能造出让用户放心的无人车。要知道，现在想全面实现自动驾驶，还有两个巨大的问题没解决呢。”

我想到来时目睹的车祸，脱口而出：“安全问题吗？”

“对，安全，还有成本。前些年还发生过一起自动驾驶的汽车撞坏了路边的一个机器人的事故呢！”

“汽车撞坏了机器人？”我听呆了，怎么这么像科幻故事呀？

“是的，那是台俄罗斯出产的商用机器人，本来是去参加全球电子消费展的。当时它的身体、头部、机械臂和运动平台的零部件严重损毁，无法修复，彻底告别展会。想想看，这要是撞到人，后果得多严重！我记得有个调查显示，有63%的司机对无人驾驶表示恐惧，这种恐惧使他们拒绝了解和乘坐自动驾驶汽车。还有54%的人表示不愿意乘坐自动驾驶汽车，有59%的人认为自动驾驶汽车会令他们不安。”

“他们真胆小——”我刚嘲笑到一半，突然想起自己进这辆车时紧张的糗样，忙闭上了嘴。

费爷爷带着笑意的声音从后座传来：“虽然现在的技术越来越先进了，但还是会面临复杂多变的道路环境，以及恶劣天气、动物、人群等各种突发状况呢。”

这可真是个难题啊！反正我想破了脑袋，也想不出该怎么解决。见我一脸的纠结，费爷爷乐呵呵地说：“不用担心，解决的办法现在已经出来了！那就是自动驾驶与5G技术在车辆和道路上结合应用，就可以做到安心地一觉睡到目的地了！”

他从后面拍了拍我的肩膀，不无骄傲地说：“芒果啊，爷爷已经制造出了‘变形金刚’，就等它正式上路了！”

回到测试场的入口处时，我都有点舍不得下车了。

外公笑眯眯地问：“芒果，感觉怎么样？”

“好玩！”但是我还没玩尽兴，“我们家要是也买一辆这样的车就好了。”

爸爸有点为难：“这……价格会不会太高啊？”

对哦……费爷爷刚刚说了，还有成本问题……

费爷爷依旧乐呵呵地说：“其实也没有必要买这种。芒果，你忘啦？就算买回去，外面的道路设施没有完全建立起来的话，还是发挥不了它的本事。目前买第三级别的智能汽车就够了。不用着急，等以后道路建好了，第四级别的汽车不仅能发挥它的‘智慧’，价格也会降下去的。”

“第三级别？道路建设？”爸爸妈妈一头雾水，外公在旁边则露出了然的表情，看来他之前买那辆自动驾驶汽车的时候，已经向费爷爷了解过了。

接下来费爷爷带我们去展厅参观新车，一路接着讲解：

“……单单让车子变得智能，很难解决安全和成本的问题。这些年人们换了个角度思考问题——通过将一部分智能化功能交给道路建设，降低车辆本身的成本压力；再通过道路上的路测设备为车辆定位导航，来提升更高的安全性。这种

‘车路协同’将实现许多智能汽车自己无法实现的功能。

“首先，路变聪明了。在道路上建设能够感知路况的路测设备，相当于给道路安上了‘千里眼’和‘顺风耳’，也相当于汽车在路上行驶过程中多了无数双眼睛，避免了感知盲区。路变聪明了，车子就不需要配备雷达传感器来控制车辆减速了，制造成本也下来了。

“其次，有了5G技术的支持，道路和车辆每时每刻都能交互海量的数据信息。我们城市道路上几百万辆行驶的汽车，可以时时刻刻采集360度路况信息，与此同时，错综复杂的道路交通网也在采集海量数据。通过5G和人工智能技术，能够让每一辆汽车都拥有‘上帝视角’，全盘掌握整个城市的交通运行图，每一辆车、每一条路的状况，在这个图中显示得一清二楚。车与车、车与路、车与人、车与周围一切事物，都实现了网络连接和信息交互，车子可以提前预知前方道路状况，即使视线被挡住，依然能知道危险所在，及时做出避让。这样一来，100%的安全，不就更有希望实现了？”

我慢吞吞跟在后头，悄声对影子鸡说：“你们太厉害了，连自动驾驶的汽车也要靠5G技术才能真正实现呢。”

“我们只是做了其中的一部分工作。”影子鸡谦逊地回答，“你可以把汽车看成一部手机，每辆车都存在于一张无形的通信网里。即使不是自动驾驶的汽车，有了我们的帮助，也能够随时随地了解周边车况信息，驾驶起来更加方便。不过，只有智能网联汽车，才是未来汽车发展的主流方向，‘智能’靠人工智能，‘网联’靠5G，我们用最快的速度传递数据、运算数据、反馈数据，让每辆车子都能耳听八方，眼观六路。”

“听起来5G比人工智能技术的用处更大一些呢。”我评价道。

影子鸡微笑着摇摇头：“缺一不可。”

此时妈妈正在问费爷爷：“车子跟道路还有其他车辆的信息传递，还比较好理解，但怎么跟人连接呢？”

“啊，这个理解起来也不难。”费爷爷说，“我们用一个专门的概念来解释，叫‘V2X’，即‘Vehicle to Everything’，也就是车辆联结万物。它是车联网的核心技术，是传统汽车与智能网联汽车的根本区别所在。

“车与互联网连接之后，每辆车都能通过上网功能获得导航信息，还可以听书、听网络歌曲，这是目前最广泛的V2X应用，你们应该都很熟了。

“车与车的连接呢，就是刚刚说的，以后所有的车子都能互通消息，还可以控制车速以及与其他车辆之间的距离。

“基础设施，指的就是交通信号灯、指示牌以及路边可以影响车辆行驶的任意设备。

“车与行人的连接实现起来最麻烦了。理想的状态是，车子可以随时掌握周边行人的动态，行人也都可以通过例如手机之类的移动设备，与路上行驶的汽车互动。当然，要达到这种效果，人们必须在手机里下载一个APP（手机应用程序），但这个实现起来难度很大。”

“确实如此。”爸爸遗憾地说，“别说安装APP了，这世界上也不可能人人都有手机啊。”

“大城市条件还是比较好的。”费爷爷说，“全景市现在不就已经在加速推进了吗？”

“是啊！我听全景市的朋友说起过。他还说每个月的手机流量用得特别快，后来推出了专门给车用的流量包，花费才少一点。”

“是啊！提前享受到先进的科技，免不了要多花钱的嘛。”费爷爷笑眯眯地说。

我们边走边聊着，不知不觉间已经来到了展厅大门前。

自动门徐徐打开，亮晶晶的展厅里，停满了各式各样的漂亮汽车，有几辆车很像是科幻电影里才有的！尤其是展厅正中央那辆造型奇特的汽车，看起来就像是一个真正的变形金刚！两个车灯就像是双炯炯有神的大眼睛；车轮被车身包裹起来，形成一体，就像是一个动车的车头；流畅炫酷的车身线条，简直太拉风了！

“这车可真酷！它现在开始生产了吗？”爸爸也表示惊讶。

“现在还没有，不过，用不了多久的！”费爷爷充满爱意地看着“变形金刚”，像是在看一个令他十分骄傲的宝贝孙子，“现在它还只能停在展台上，等我们的城市全面实现了车路协同，解决了安全问题，它就能上路啦。以后的汽车形态会越来越丰富的，你们就等着瞧吧。”

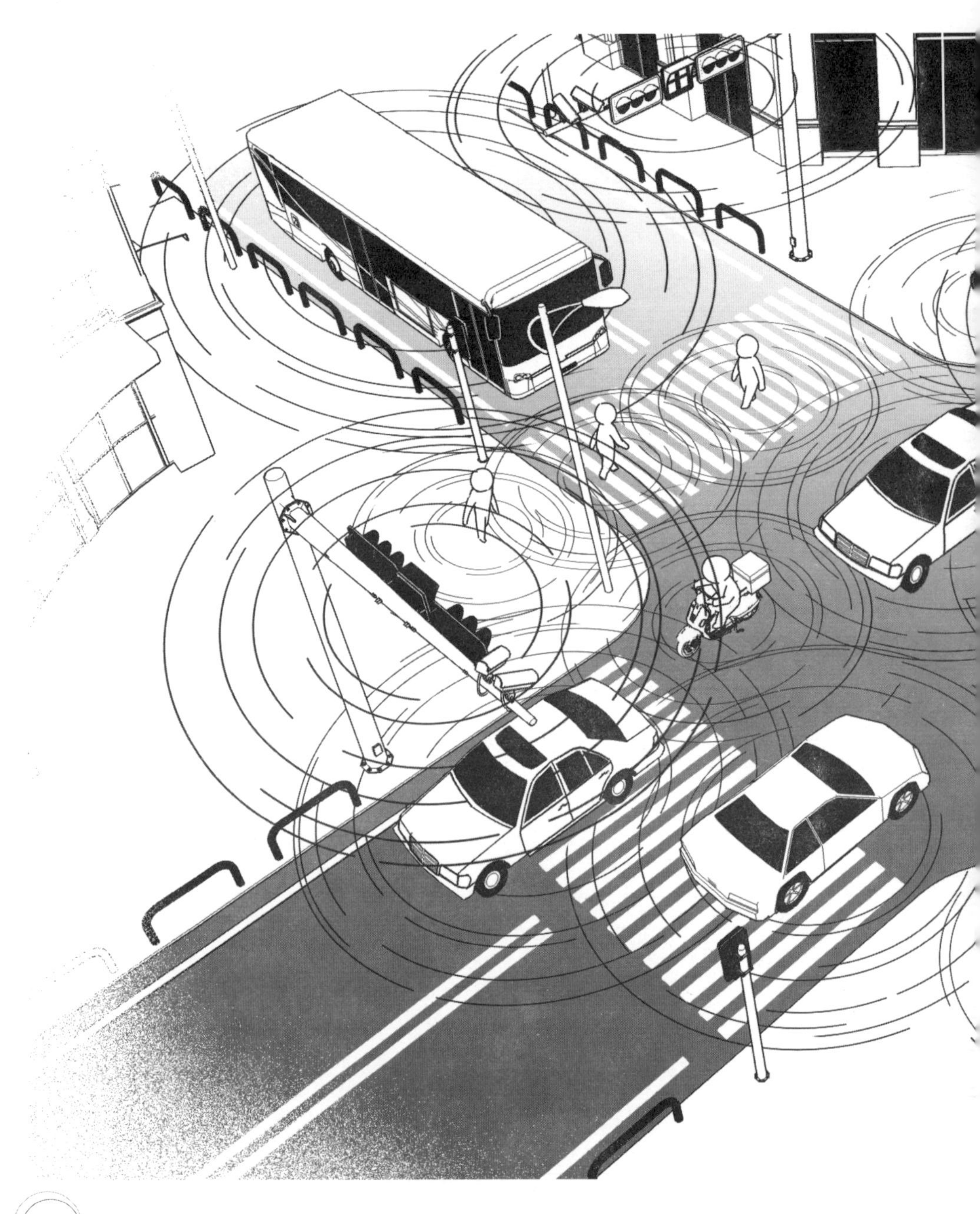

V2X 应用场景

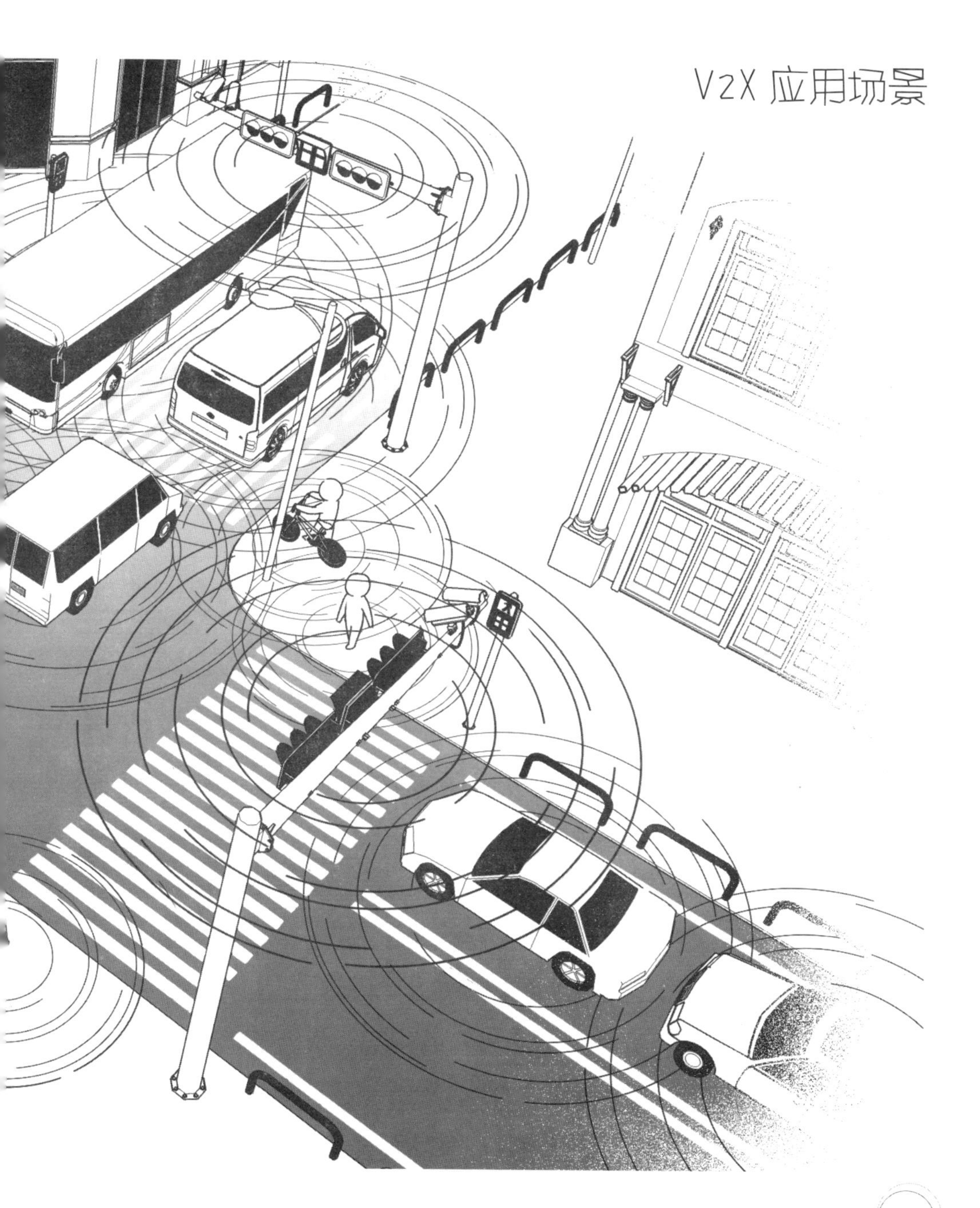

5G 漫画小剧场

时空带货直播间

1834年，第一辆直流电动机驱动的电动车问世。虽然电动车的发明比燃油车要早，但随着全球范围内的大规模开采石油，以及内燃机技术不断提高，燃油车有了明显的优势。

当然，看知识点。

随着石油资源稀缺，环境污染问题突出，人们才重新开始重视起了电动车。

世界各国甚至公布了“燃油车停售时间表”，不久后将不再生产出售新的燃油车了。

第一级是辅助驾驶。车上配有车道保持系统或定速巡航系统，能够让车子按照设定的速度行驶，并在车子偏离车道时发出警报。

第二级是部分自动化。车子配备了自适应巡航系统，能够在发现障碍时自动降低车速，与前车始终保持安全距离。

第三级是有条件自动化。车上配备激光雷达、高精度地图、中央处理器，在道路条件允许的情况下，车辆可以自己完成全部驾驶工作。但驾驶者还是不可以睡觉，随时准备应对人工智能解决不了的问题。

第四级是高度自动化。除了车上配备雷达、地图和中央处理器以外，还需要搭配道路智能化基础设施，以实现完全自动驾驶。
以后别说剥荔枝，在车上睡觉都行，妈妈再也不用担心我堵车啦！

下单！买它！买它！

输了……
总感觉被某些主播利用，当了一次陪衬。
真是心机鸡！

在5G技术的支持下，每辆汽车时刻采集路况信息，同时，道路交通网也在采集海量数据。
错综复杂的城市道路上汽车有条不紊，没有堵塞，减少事故。

通过5G+AI，让每一辆汽车都能拥有“上帝视角”，全盘掌握整个城市的交通运行图。

吃吃睡睡的旅行最舒服了。
好像忘了点什么？

我不是要去送荔枝吗?!荔枝呢!!!

第三章

聪明的路

5G+ 交通：道路会说话，去哪儿都不怕

爸爸妈妈在展厅里终于选好了心仪的新车，我已经饿得前胸贴后背了。

“影子鸡，几点啦？”

“现在时间，下午2点钟。”

下午2点，我们还没吃午饭！

我坐在新车里，哭丧着脸，而爸爸跟影子鸡研究新车功能正起劲，根本没空理我。唉，要是外公或妈妈在就好了……

外公和我心有灵犀似的，这时候发起了语音通话。

我从前排座位抢过爸爸的手机：“外公，一会儿我们去哪吃饭啊？”

“当然是去农庄，你外婆都已经把菜准备好啦！”外公顿了顿，又说，“不过，你们周末要是没什么事情的话，我倒想带你们去全景市，体验一下那边的智能交通。”

“好啊好啊！”我和爸爸都眼睛一亮，激动得一口答应下来。却听到妈妈在那边小声地跟外公抱怨：“玩这么久，她作业都做不完了……”

爸爸扭头问我：“芒果，你这周的周记是不是还没写？”

“啊！还没……”

“那就写这次出行体验吧，多好的生活素材啊，是不是？”

我犹豫了一下：“嗯，爸爸说得对。”

我只想玩，不想写玩后感。可是不写，妈妈就不会同意我去玩……

当个小孩子也真是不容易啊！

“好吧。”妈妈松了口，“只能玩半天啊，今晚在农庄住一晚，明天下午回去写作业。”

通话结束后，影子鸡闪到后座，偷偷跟我说：“不用担心，作业的问题你可以随时问我的。”

“这个机器鸡也会。”我垂头丧气地说，“但作文没有固定答案呀，我必须自己写，不能参考别人的。”

吃完午饭，在农庄里忙碌了大半天的外婆听说我们下午不在农庄玩，表示出了强烈的不满。

“别吵，别吵，也带你一起去玩就是了嘛。”

外公只说了一句话，外婆就不再反对了，但还是小声地嘟嘟囔囔道：“本来下午要给你们喝冰镇‘太阳汁’的……”

我们的周末短途旅行队伍越来越壮大了。

爸爸妈妈开车跟在后面，我抱着一个巨大的罐子，和影子鸡一起坐在外公外婆的车后座。刚上车，外婆就让我尝尝罐子里的“太阳汁”：“喝一点，防晕车。”

透过浅红色的汁液，能看到罐底堆了一颗颗金橘大小的，鲜红饱满的果实，

喝起来凉凉甜甜的，又隐隐带一丝清爽的酸。

“这是葡萄还是草莓？”我问外婆，“真好喝，里面是不是还加了柠檬？”

“柠檬对了，其他的再猜猜。”

我又猜了西瓜、小番茄、树莓等各种红色的水果，都不对。

最后外婆说：“是枸杞。”

“枸杞这么大颗？”

外公设定好了ACC（自适应巡航），回头说道：“芒果有一两年没来农庄了吧？我们的技术和设备都更新了，有时间你再来看看，不止枸杞，很多水果蔬菜都变样了。”

我脑海中顿时浮现出各种被辐射、药物注射后，变得膨胀可怕的水果蔬菜怪物。

不，不，它们应该跟罐子里鲜红可爱的枸杞一样，只会变得更好看、更好吃。人类小心控制的科技，不会那么可怕。

我们的车一前一后离开农庄，向高速公路开去。

或许是假期的缘故，高速公路的入口堵车了。

“几十年前，我们刚买车的时候，路上的汽车稀稀拉拉的，还没公交车多。”外公感慨地说，“仿佛一夜之间，楼下路边就停满了车，连个空位都找不到。再后来，小区里的车库要摇号抽车位，摇不到就只能在下班时开着车绕小区，见缝插针地停车。我记得有一次，花了一个多小时，才找到停车位……”

外婆很快接上他的话："幸亏我们现在住在农庄，想在哪儿停就在哪儿停。"

"但是出门就发现，车还是这么多。"外公摇摇头，"现在不管是哪个大城市，都有道路拥堵的问题，国内是这样，国外也是。我去年去了印度孟买一趟，孟买是全球交通最拥堵的城市之一，那里的司机们要忍受世界上最严重的拥堵。有个在孟买工作的朋友跟我们说，他每天上班都需要开将近两个小时的车，非常后悔房子没有买在公司附近。"

“我同学王沐沐也是！”我抢着说，“她家住在城西，每天要坐一个多小时的车来上学，她妈妈把她送到学校之后，还要再开半个小时的车去城东上班。她说她每天早上都睡不够，累死啦。”

“唉，大人小孩都可怜。”外婆无奈地说，“路上花费时间长，折腾人，而且容易出交通事故。”

我想起费爷爷上午聊天时提过的，5G技术对改善交通堵塞也有很大作用，于是问影子鸡是否如此，影子鸡肯定地点点头：

“是的。种种交通病症的背后，反映的是城市道路交通的供需矛盾问题。人们要出行，但没有足够多的道路空间满足出行需求，过去只能靠两个办法来缓解：第一，限号、限购，控制路上的汽车数量；第二，修路、架桥，扩充道路。其实还有第三个办法，就是系统性地提升城市交通管理水平，高效、合理地进行资源配置。但是以前没有足够成熟的技术支持。现在大家看到了希望——通过建立在5G和人工智能基础上的车路协同技术，既能够让汽车驾驶更加方便和安全，也会对城市交通状况有很大的改善，提高交通出行效率，让我们进入‘智能交通’的时代。”

“我可一直等着那一天呢！”外公说，“每次去全景市，那种在路上畅通无阻的感觉，真是让人心情舒畅啊！真希望他们赶紧把5G基站一路铺过来，铺到工厂，铺到农庄，铺到国外，我就可以闭着眼睛到处跑了。”外公越说越高兴，语气里全是抑制不住的喜悦。

“你还要到处玩？不管工厂和农庄了？”外婆嗔怪地打了外公胳膊一下。

“知道啦，也带你一起去，你帮我看路就行。不对，以后不需要看路了，我们俩都闭着眼睛到处跑——”

我和影子鸡默默地对视一眼。两个年龄加起来有120多岁的老人家，就这么在驾驶室里打打闹闹了好几分钟……

感谢智能汽车给我带来的极大安全感。

汽车平稳地行驶着，我又渐渐地迷糊起来。隐隐听到车内响起了温柔悦耳的提示音：“欢迎来到全景市，已帮您接入车路协同系统。”

“喂？”

熟悉的声音把我从昏昏欲睡中拽了出来，是妈妈发起了语音通话。她有点紧张地说：“我记得前面是事故高发地，路况比较复杂，还是切换成人工驾驶吧，别自动驾驶了。”

外公听到后哈哈笑出声来：

“你这孩子怎么比你妈胆子还小啊？放心，我们已经进入5G基站覆盖的范围了，马上就到全景市。这边的道路和车辆信息都是共享的，比起我自己的注意力，我更相信汽车的智能系统。”

“啊……”妈妈还有些犹豫，“也不能全靠智能系统啊，它经常会‘坑’人的，要是地图没有及时更新，或者网络不好，它可能会跑偏方向……”

“那是因为以前网络不好啊！”外公斩钉截铁地反驳道，“影子鸡，你来跟她说！这孩子怎么一点都不像我，想法这么保守！”

“请放心吧，外公说得很对。”影子鸡安慰妈妈，“过去的智能系统出差错，主要是因为在行驶过程中，不能保证每时每刻数据传输都十分顺畅，一旦延迟几秒钟，汽车就会瞬间变成‘瞎子’，甚至酿成交通事故。80%的公路交通事故，是由于驾驶员在事故发生前3秒内的大意造成的。戴姆勒-奔驰公司通过试验证明，若提前0.5秒示警驾驶员，可以避免60%的追尾事故；若提前1.5秒示警，则可以避免90%的追尾事故。”

喂……越听越紧张了啊！

“这是4G网络的缺陷。4G网络的延迟达到了50毫秒，在高速驾驶阶段，这种延迟无法保证百分之百的驾驶安全……”

我从后视镜里瞄到外公的表情，他似乎忍了又忍，才没打断影子鸡令人不安的科普。

影子鸡一无所觉，单纯而专心地继续说：“但是如果升级到5G网络，端到端的延迟只有1毫秒，无论车子还是司机，都有充足的时间来应对突发状况。运用5G技术的智能交通网络，将周边路况数据实时传递给司机，真正做到了360度无死角监控。”

妈妈终于被说服了：“好吧，那一会儿联系。”

我和外公都悄悄地松了口气。

长长的高速路穿过平缓起伏的郊区，前面就是全景市了。

“路上没有马，为什么要叫马路呢？”我趴在车窗上，百无聊赖地问。

“芒果，上午的动画白看啦？”外公嘲笑我，“以前路上跑的是马，所以叫马路啊。”

“我觉得是时候改了。”我说，“现在哪还有跑马的路啊。”

外公说：“你不觉得保留一个古老的名称更有意思吗？虽然名字没有改，但有汽车之后，基础设施已经都变了，一会进了全景市，你就能看到了，那里有很多5G技术带来的基础设施新变化。”

“什么样的变化？”

“哈，别着急，下了高速，过了前面的路口再说。”

我就耐心地等着，到了那个路口，外公的汽车停都没停，扬长而过。

“哎？”我觉得有些不对劲，“这个十字路口怎么没有红绿灯啊！”

“哈哈，没错！”外公得意地笑着，“全景市已经实现了车路协同系统控制，每辆汽车都有了‘上帝视角’，都有自己专属的‘红绿灯’，未来的路况能够提前预知，车与车之间的最佳行驶距离能够精准算出，那么在十字路口，南来的、北往的汽车完全可以实现无阻化通行，完全不需要在路口设立红绿灯了。”

“随身携带的红绿灯啊……”我开始觉得好玩起来，“所以，如果汽车不够智能的话，在全景市反而很危险，因为路上都没有红绿灯，别的车子都可以自动避让，只有它需要靠司机肉眼判断……哎呀，幸亏没开我家的旧车来！”

外公和外婆都笑眯眯地看着我自己给自己分析，等我说完外公才开口接道：“是啊，不够智能的车子，只能在不够智能的路上跑。所以啊，司机们经常会遇到，路口明明空无一车，可依然要等红灯结束才能通过，白白浪费时间。”

“是啊！去年有一次，爸爸送我去科技馆参加课外活动，明明路上车子不多，但每个红灯都要等好长好长时间，害得我错过集合时间，被老师说了一顿！”

外公表示同情和理解：“唉，幸好我现在是大厂长，迟到了也没人敢说我。”

“你年轻的时候呢？”外婆毫不留情地拆外公的台，“我记得你当年因为堵车常常迟到，有一次整个月的考勤奖都被扣了呢！”

“咳，扣钱归扣钱，我业务能力强，领导也没说过我。当年要是有全景市这种车路协同系统，就不会被扣钱了。”

我兴冲冲地说：“而且不需要交警叔叔指挥交通了！大家自己指挥自己！”

“是啊是啊，看到那些年轻的交警在大太阳下站着，就觉得心疼。”外婆频频点头，“咱们那边也快点把‘乌鸡’铺起来吧。”

“是5G基站啦！”

“对，对，乌鸡基站。”

外公叹了口气：“别跟你外婆说英文，她从小成绩不好。”

“哦……”

“不过你说得对，车路协同系统在无形之中已经做了交警的工作内容，甚至做得更好。毕竟，人会饿，会累，会走神，但汽车和交通设施不会。汽车自己就能跟其他车辆进行数据协调，算出最安全、最高效的通行方案。你可以想象成一场盛大的交响乐会：当全城所有的汽车计算出自己的行驶数据之后，实时地高速传递到车路协同系统平台，这个系统就像指挥家一样，对每辆汽车做出相应的安排。每一个音符都是和谐的，绝对不会‘撞车’。”

我望向车窗外井然有序的大街小巷。是啊，全景市的马路上，除了车辆呼呼驶过的声音外，一切都安静和谐。每一辆车都行驶得很平稳，没有喇叭声嘀嘀嘀的催促，也没有急刹车的惊心动魄，只有大大小小的汽车川流不息、畅通无阻地擦肩而过。

就在我感受这奇妙无阻的通行时，前面路边突然横冲出来一个行色匆匆的人，眼看着就要有撞上的危险，我吓得大张着嘴却叫不出声——车子稳稳地停了下来。那人也是惊魂未定，一边喘着粗气一边冲车内的我们点头表示歉意，然后走到前面的斑马线处，小跑着过了马路。

“呼……还好是智能汽车……”我心有余悸地说。

“不光要感谢智能汽车。”外公说道。

“哦，还要感谢智能马路！”

“还有呢？”

“还有？”我冥思苦想了一会儿，摇摇头，“还有什么啊？”

外公说：“如果那个人身上没带手机，或者手机没有联网，我们的车子就无法感知他的行动轨迹，等他到了我们车子跟前，才能‘看见’他，那出事的概率可就大多了。智能交通可不仅仅管着马路和汽车，要知道，路上最多的，还是行人嘛。”

“啊——”我恍然大悟，“外公，您是说，我们的汽车跟那个人的手机‘沟通’了一下，所以能及时避免相撞？”

“是的。如果未来发明了植入体内的芯片，代替手机软件，那就算不带手机也没关系了。5G技术发展到这个阶段，能够精准、高效地处理车与车、车与路、人与车、人与路之间的大量数据，相信芯片在不远的将来也会面世的。”

三 没有车的人怎样出行

我突然想到了一个非常非常重要的问题。

“外公，全景市里，人人都买得起车吗？”

“嗯？当然不啊，怎么可能？全景市有两千万人呢！如果人人都开车，再智能的公路也会被车堵得一动不动！很多人还是靠公共交通出行的。”

“哦哦，那车路协同系统，也包括公共交通吗？”

外公和外婆对视了一眼，外公重新给车子设置了目的地，让车子拐进最近一栋大厦的地下停车场。

收到信息的爸爸妈妈也跟着过来了，下车跟我们会合，不明所以地问：“我们怎么突然来这里了？”

外公大手一挥：“接下来，咱们体验一下全景市的公共交通！”

“现在吗？”妈妈为难地看了看停车场大门外洒进来的耀眼的光芒，“还热得很呢！”

“哎呀，现在哪有中午热？太阳都快下山了。”外婆不以为然地说，“怕晒黑啊？撑伞嘛。”

妈妈没办法，返回车里拿了伞出来。

我们一起走出地下停车场，大厦外面挂着无数空调外机，嗡嗡嗡地工作着，热气扑面而来。我有点后悔了："外公，倒也不用真的去体验公共交通，回头我到家看看5G的VR影像资料，再让影子鸡给我讲讲就行了。"

"不行，咱们大老远跑到全景市来，不就是为了真实体验吗？再仿真的VR系统也比不上真实感受啊！"外公瞪了我一眼，也瞪了影子鸡一眼，影子鸡无辜地避开他的目光。

"那，咱们现在往哪儿走呢？"爸爸问。

外公打开手机里的出行服务软件，认真浏览："嗯，离这里最近的景点是老城墙，先去看看老城墙吧。芒果，你想先坐地铁，还是先坐公交车啊？"

妈妈低头冲我使了一个眼色，她的脸已经红通通的了，不知道是被空调外机的热气吹的，还是热的。

于是，我说："坐地铁吧。"

地下的地铁，可比地上的公交车凉快多了。

"最近的地铁站往南走，走十二分钟。"外公盯着手机，迈开脚步，"走，咱们跟着导航。"

我和爸爸有些不情愿地跟在两位老人家后头齐步走。刚走两步，突然感觉不太对劲。

我回头一看，妈妈撑着伞，没动。

"怎么啦？"

"我今天穿的这双鞋不太好走路。"妈妈有些委屈地说。

“唉……出来玩你怎么还穿着高跟鞋啊。”外公有些无奈地说道。

“谁知道今天要走这么远的路啊！”妈妈更委屈了，“要是早知道，我肯定就穿平底鞋出来了！”

“行行行，我说不过你。”外公一指路边，“骑车行了吧？”

“爸！”妈妈难以置信地瞪着外公，“你要我穿着高跟鞋和裙子骑车？”

外婆不满地拍了外公一下：“叫个车！”

外公再次打开出行服务软件：“叫一辆出租车到城东地铁站。”

手机里传出语音提示：“您选择的终点是‘城东地铁站’，出租车将在一分钟内到达，全程约三分钟，请确认选择。”

“还不如直接开到老城墙呢。”妈妈抱怨道。

她的声音有点大，被外公的手机捕捉到了：“终点改为‘老城墙’，全程约三十分钟，为避开下班高峰期，最佳交通方案为出租车、地铁、共享单车组合，全程约二十分钟。请确认选择。”

“啊！就是要每种都体验一下。”外公高兴地说，“选最佳交通方案。”

“最佳交通方案已选择，已为您购买全覆盖电子票——全家出行套餐。”

“嗬，”外公仔细看了看电子账单，“便宜不少呢。”

七人座的出租车来了，正好够我们一家子坐。我钻到后座，向外公要来手机，看那张名为全覆盖电子票。我还从来没听说过出租车、地铁、共享单车能一起付费的事儿呢！

正盯着手机看的我，突然被妈妈悄悄拽了一下。

“芒果，前面……没有司机诶……”

我伸头看向驾驶座，真的，驾驶座是空的！

我有点慌，到底还是外公镇定，问影子鸡：“车上已经不需要司机了吗？”

“因为有了车路协同系统之后，自动驾驶可以彻底实现，所以全景市里很多人在不需要用车的时候，就把自己家的车派出去，给其他人提供出行服务，也能多一份收入。”

“真是物尽其用啊！”外公放下心来，羡慕地说。

尽管知道很安全，但毕竟我们是第一次坐无人驾驶汽车，心里都不由自主地有些紧张，连车载视频中的搞笑段子都没心思看。外婆还算镇定，跟外公大大咧咧地闲聊着，把我们这群被外公认为“脑子还没他灵光”的年轻人挨个儿嘲讽了一遍。

还好路程很近，没几分钟就到了城东地铁站，我霸占着外公的手机不松开，抢着为大家刷手机验证码，顺利进入地铁站台：“这个程序太简单了，下面的事情都交给我做吧！”

“好，好，都由你来。”外公乐呵呵的，“你自己体验最好了，我们就在后头跟着。”

以前坐地铁或是坐火车时，机器鸡常常会失去信号，令人十分苦恼。而现在，即使在地铁里，影子鸡也丝毫不受影响。更神奇的是，地铁刚刚开动，手机就振动了起来，原来系统自动给我推荐了一部短片，时长刚好是我们这次要乘坐的地铁所需的时长。只是，我对这部短片的内容有点无感。

“《黑客帝国》精彩瞬间剪辑？太老了吧，我想看今年的片子。”

“我喜欢看老片子。”外公说，“我的手机，推送的当然是我爱看的内容。”

妈妈从我手里夺走手机，还给外公：“地铁上别看手机，对眼睛不好。”

我左右看看，满车厢的大人都低着头，津津有味地玩手机。哼，同样的事，就知道禁止小孩子。

“你们小孩子眼睛还在发育中，近视程度很容易加深的。”妈妈看出我的小心思，解释道。

我想到班上好多同学都戴起了眼镜，确实麻烦。好吧，这件事情就听妈妈的。

老城墙地铁站外有很多共享单车，我们一人选了一辆，妈妈却缓步走向街边的咖啡馆：“你们去吧，我在这儿等你们回来。”

我从落地玻璃外面看见她刚走进咖啡厅，立刻就有服务员给她端上来一杯饮料，看来她在地铁上就预约好了。唉，我也想在凉爽的咖啡馆里喝好喝的饮料啊！可是外公、外婆、爸爸已经推着单车出发了，我咬咬牙，赶紧跟了上去。

夕阳把单车坐垫晒得发烫，到达终点之后，我已经出了一身的汗。

外公的手机又响了，提示本次出行服务结束，让他对本次出行服务进行评分。

“五星，五星，五星，全部五星。”外公很认真地给各项服务打分，“这种一条龙出行服务还挺不错的。”

“能不能给共享单车四星？”我小声嘟囔着，坐垫实在是太烫了。

5G 漫画小剧场

反转故事结局，看我的！

影子鸡，怎么办？她跑走了，肯定赶不上啊……
红色的交通网
来这趟就是解决问题的。

过去只能靠两个办法来缓解交通堵塞：第一，限号、限购，控制路上的汽车数量。
第二，修路、架桥，扩充道路。
现修路、架桥也来不及了啊……

还有一种办法可以解决交通问题——系统性地提升城市交通管理水平，高效合理地进行资源配置。
！

但苦于一直没有足够的技术支持。

但这不是有我吗？5G+人工智能，建立车路协同技术！
不仅不会堵车，还不需要司机，彻底实现自动驾驶！
拜托，你能一次性说完吗？

喂，你等一下……
拍
跑

飞
踢
啊
惊
现在的女主都流行自带武技的吗？！

对不住，一时
没控制住……

影分身术！

咻
咻

通
畅

哇！这是怎么
做到的？
汽车智能化的结果。每辆
汽车都有“上帝视角”，
都有自己专属的“红绿灯”，
下一分钟的路况能够提前
预知。
还能够精准算出车
与车之间最佳间距，
路况自然就好了！

请说出本次出
行最终目的地！
递
我……我……
我要去星海高
中……

去星海高中餐厅吃焖肉面！星海高中的焖肉面可是全市出名的……哈哈哈！

去星海高中礼堂看文艺会演！
好的，十五分钟后抵达星海高中礼堂。
那我还来得及去买一束花！

5G

5G
5G
TAXI

Happy Ending!
成功！
耶！

诶？！是谁改的大团圆结局啊！
导演

第四章

最轻松的农民

5G+ 农业：再也不用靠天吃饭

从全景市回到外公外婆的农庄，已经是晚上九点多了。

“芒果，你吃块蛋糕就洗洗睡吧。”妈妈疲惫地说。

“九点之后就别吃东西了，睡觉时肠胃还在拼命工作，对身体不好。”外婆严肃地否决了妈妈的提议，“到外婆这里来，就得听外婆的。明天早上，给你们吃大餐。”

“好。”我乖乖听话，虽然不知道外婆说得对不对，反正，我和妈妈都“听妈妈的话”就是了。

刷牙，洗澡，上床睡觉。

兴许是白天接收了太多新知识，这个晚上，我做了好多梦。一会儿梦到骑着变形金刚在路口等红绿灯，一会儿梦到长长的马路变成梯子，直入云霄。我兴冲冲地腾云驾雾，突然意识到自己在高空，心底一虚，顿时急速下坠，落到了一片村庄里。

这是哪儿啊？梦中的我茫然地想，要是能问问路人就好了。

这么想着，影子鸡就出现在我的梦境里，不止一只。它们扛着锄头，戴着草帽，排着队从田地另一头走来。

“影子鸡？你们在这里干吗？”

影子鸡们却不搭理我，四散开来，到田里去干活。只有一只影子鸡站到我面前，说：“喂，小孩儿，你挡着我翻地了。”

我赶紧闪到一边，看它翻地、播种、浇水施肥。天气越来越热，影子鸡们满头大汗地忙活着，渐渐地，庄稼越长越高，它们的身影消失不见了。

它们大概是回去休息了吧？我心想。

突然，头顶有一片阴影移动了过来，抬起头，只见遮天蔽日的蝗虫嗡嗡嗡地飞着，庄稼地瞬间被扫荡一空。

光秃秃的土地上，影子鸡们站着直发愣，看着真叫人心疼。

“这下完了，我们没东西吃了……”

一只影子鸡突然对大家说：“别急，人类那边说不定还有活儿干，我们去请人类雇用咱们吧。”

所有的影子鸡都望向我，我被吓了一跳。

“雇用我们吧——”

“我们饿坏啦——”

“要吃饭——”

……

突然——

我从充满影子鸡的噩梦中惊醒，听到外婆在楼下喊我们吃饭。我心有余悸地

赶紧穿衣下楼，以前的农民可真不容易啊，顶着大太阳干活不说，还要应对各种突如其来的灾难，哪像外公外婆的智能农庄这么省心！

因为这一连串的梦境，我再见到大门外等候的外公外婆时，脱口而出：“科技发展真是太棒了！”

外公一愣：“啥？”

“没啥……”我嘿嘿笑着搪塞过去。

妈妈最了解我了，她笑眯眯地问：“是不是通过昨天的参观，有很多感慨？”

“嗯。”我不好意思地点点头，“虽然我没有经历过以前的年代——那些没有网络、电脑，甚至没有空调、电冰箱的时代，但是只是通过平时偶尔的停水停电，就能深刻体会到以前人们的生活太不容易了！最辛苦的，大概就是农民和工人了吧。”

“芒果啊，真是懂事了。”外公一脸感动和欣慰，“前人的苦不是白吃的，能给你们年轻人创造更好的条件，让你们给人类做出更多的贡献，就足够啦。”

我有点心虚，没有接外公的话。像我这种普普通通的小孩，以后真的能给人类做贡献吗？

今天的早餐安排在温室里。

听外婆说，温室特意开辟出一个小茶室，能够第一时间将从温室里采摘的食材处理好，保持食物最新鲜的状态。

我们沿着石板路，在清晨的凉风中向温室走去。外公似乎被我触动了回忆，一路都在感慨：

“以前的农民啊，确实不容易。我爷爷那一辈在村里种地，每天面朝黄土背朝天的，偶尔遇到虫灾、水灾，收成还得减少……你们可能不太相信，我还真经历过饿肚子的日子呢！那时候，一家子人的吃饭问题，都靠我爷爷和爸爸种的那一亩三分地，只要出一点差错，过年都没饭吃了……”

爸爸在旁边仔细地听着，接道：“不光是地难种，甚至很多人无地可种。我之前看过一个报道，说咱们国家的土地问题越来越严重了——耕地面积减少，需要用越来越少的耕地养活越来越多的人口。化肥、农药过度使用，大气污染导致酸雨过多，不科学轮作耕地等原因，都让耕地的质量越来越低……”

“嗯，看来你平时也不光是玩游戏嘛。”外公点点头，“我小时候问我爷爷头上那块疤是怎么来的，他说是抢地的时候被人拿锄头砸了一下。”

我听得心头一抖。锄头砸脑袋？那得多疼啊！

外公看到我的表情后，忙转移话题：“总之呢，以前是土地少、土地差，干起活来工具也不称手。不光是累人、产量低，还经常质量检查不合格，这个超标，那个超标的，特别闹心。我跟你外婆刚开始办农庄时，设备也都很落后，后来才慢慢好起来。这几年5G技术在农业中应用，更是帮了大忙！”

“是啊，要不然，我们这两把老骨头也没法支撑到现在。”外婆说，“人离

不开吃饭，我们很早就想明白这一点了，所以才一直专注于食品行业。”

“你们老两口可太厉害了！”妈妈一脸自豪地挎住外公外婆的胳膊，“所以我就安心做一个学渣啦！”

“你可别给芒果当坏榜样。”外公宠溺地骂道。

“是哦……”妈妈扭头对我说，“芒果，你爸妈没我爸妈厉害，以后别指望你爸妈了。一定要向外公外婆好好学习——像他们一样活到老，学到老！”

我情不自禁地撇了撇嘴：“是，妈妈大人。”

外公忍不住摇头笑了起来：“芒果可真可怜啊！”

远远看到温室里有人影晃动，走近一看，是短头发的小蜂姐姐。她站在茶室的水槽边，正在精神十足、双手麻利地洗着碗碟。

“小蜂姐姐早！”我主动打招呼。

小蜂姐姐抬眼看了看我们，红着脸笑了一下作为回应，低头继续洗碗。我们都习惯了，知道她不怎么喜欢跟人说话，只喜欢跟植物打交道，不然也不会在外公外婆的农场一待就是五年。

妈妈小声问外婆：“小蜂现在一个人忙得过来吗？”

“忙得过来，她可能干了！”外婆有些自豪地夸奖道。

早先温室里有八九个员工，后来无人机、机器人、无人灌溉等先进的农业设施渐渐代替了人工，需要人工操作的活计越来越少了，到现在只靠小蜂姐姐一个人，就能帮外公外婆打理好这么大一个温室。

我觉得小蜂姐姐挺开心的，一点都不孤单。她更喜欢和机器人、无人机一起工作。

小蜂姐姐把碗碟冲洗好，摆到桌上，征询的眼神望向外婆。

外婆转头问我：“早上想吃什么？要不要跟小蜂姐姐去摘西红柿？”

我犹豫了一下，说：“不了，我想去温室里看看。”

“这样啊，那小蜂你去帮我摘点西红柿、黄瓜、草莓……对了，鸡蛋也拿些

过来。”

小蜂姐姐点点头，又记下其他人要的食物，转身掀开厚塑料片做成的门帘，进了温室。

我拿着一个小筐子跟在她后头，不过进入温室后我就立刻去了另一个方向。我知道小蜂姐姐喜欢一个人待着。

这里和印象中常见的植物温室不太一样，更像是一间处处配备机械设备的“植物工厂”，被一堵堵种满农作物的高墙隔成迷宫，几个形态各异的智能机器人正在迷宫里分头忙碌。

早晨的天光很温和，玻璃穹顶上的防晒网被拉开了，光线均匀地洒下来，将枝叶和果实都照得晶莹剔透。我也懒得看墙上的标牌，看见喜欢的果子，就摘下来放进筐里。还没走多远，小筐里就堆满了红白紫青的果子，收获颇丰。

结果，当我把它们放到餐桌上时，外公外婆都忍不住笑出声来。

“怎么了，我摘的这些还没熟吗？”我有点忐忑，我摘的可是每堵墙上个头最大、颜色最深的呀。

“不是，都挺熟的……总之，你随便吃吧。”

我疑惑地看了外公一眼，拿起一颗莹白滚圆、有浅灰色斑点的果子。这个我以前好像吃过，叫人参果或长寿果，香香甜甜的。

咬了一口，辣味直冲鼻腔。

外公笑得更大声了：“多吃点萝卜，对身体好！”

真是的，这么大年纪了，还爱捉弄人。其他的果子我不太敢轻易下口了，万一红的青的是辣椒，紫的是洋葱，怎么办？

外婆笑着说：“芒果，你肯定没往深处走。前面是蔬菜区，后头才是瓜果区。不过，这些都是‘水果蔬菜’，可以直接吃的。”

“我吃不惯萝卜，还是去吃点真正的水果吧。”我闷闷不乐地走到温室门口，正遇上提筐出来的小蜂姐姐。

我用力看了两眼她筐里满满的蔬菜水果，才溜进温室，决定按她选的去摘。

影子鸡跟在我身边，小声问：“需要我帮忙鉴别吗？”

“这不是有标牌嘛……”我刚想拒绝，却被眼前标牌上的名称难住了，“子齐？伯齐？”

“它叫‘荸荠’。”一个嗡嗡的金属声在我耳边响起，把我吓了一大跳，扭头一看，身后不知何时多了一个圆桶状智能机器人。

“这机器人能说话啊？”我还以为它只负责浇水、摘果子什么的。

“我是外公。”机器人说。

我终于听出来一丝熟悉的腔调：“外公，原来你在用机器人监视我！”

“是啊！”“外公机器人”发出哈哈大笑的声音，“它们可是我的好帮手呢！每一个都装了感应器和摄像头，既可以做农药喷洒、收割、装卸之类的工作，也可以配合5G技术，把有关农作物生产状态的数据实时传输给后台，我就不需要跑来跑去了，坐在屋里一边喝茶一边分析数据——鸡蛋煮好了，赶紧回来吃吧。”

我拣认识的蔬果摘了几种，回到小茶室。大人们正在边吃边聊农庄的情况。

外公说，目前庄园里买了十几个机器人，十多架无人机，从天上到地下的绝大部分工作都由它们承包了，所以单靠外公外婆两个老人家，和小蜂姐姐一个女孩子，就能把这么大的温室打理得井井有条。

无论白天晚上，温室里都静悄悄的，没有汗流浃背的辛苦劳作，只有形态各异的农用机器人转来转去，执行播种、插秧、除草、施肥等传统种植操作。温室外的田地里，无人机在上空昼夜不停地盘旋，随时监控农作物的生长状态和环境变化，看看有没有出现病虫害，养分够不够，阳光和雨水是多了还是少了……

而外公只需要坐在电脑前，随时查看它们传输回来的数据，再将实时指令发送回去，想下雨就下雨，想晒太阳就晒太阳，由机器人精准完成浇水、施肥、除草、除虫等一系列操作，再也不需要一棵一棵去判断作物的生长状况了。

外公对我们解释说，现在种地就像开食品工厂一样，让机器人把种子放到“车间生产线”上，阳光、温度、湿度、风向、风力各个环节都预先调整好，在后台只需要人工操作一下，自动灌溉系统和智能机器人就可以继续工作了。

这一切，都是因为5G技术的诞生，让一座农庄里的庞大数据，每时每刻都能自由传递往来。

听到这里，我放下手里的鸡蛋，学着古人，向身边的影子鸡拱一拱手：“厉害厉害。”

影子鸡还礼：“过奖过奖。”

外公接着说道：“我们很早就注意到5G在农业方面的应用了。刚开始德国人提出‘数字农业’的概念，利用大数据和云计算等技术，把每块田地的测量数据都传输到云端，集中处理和分析，并将分析结果反馈给拥有智能设施的农业机器人，通过自动化的机械手段，实现精准、高效的耕种。这么种地的话，一个德国农民可以养活144个人，这个数字可是1980年的3倍！”

“哇，那其他143个人，岂不是可以每天什么都不做就能吃饱了？”我吃惊地说。

“……你想啥呢，农民负责种地，其他人难道不要负责修路、开车、制造机器，以及其他工作吗？”

对不起，我忽略了，人吃饱饭之后还有很多事情要做。

外公说：“我也买了一项大数据分析服务，看看农庄里一亩地、一片果林要占用多少劳动时间和劳动资源，把资源配置得更精细一点，免得浪费。”

“结果如何？”爸爸妈妈十分感兴趣地追问。

“还没分析出来呢，我昨天早上才买的。”外公笑着说，“农庄实在太大了，那么多数据传送过去，够他们分析好一阵子了。”

“咱们国家已经有很多5G农场了，尤其是在大城市周边。每年我们一些相熟的同行都会进行视频电话会议，交流经验。去年开完会，我还让小蜂搞了个温室直播呢，她把智能机器人和摄像头视野设置得特别好，什么远景、近景、全景……每天有好几百人在线看我们温室里的菜呢！”外公自豪得声音都提高了，小蜂姐姐不习惯被当面夸奖，红着脸，走到外头去做别的事了。

“看直播的人里面，有很多都在咱们农庄订过货，有个人的，也有饭店的。那个购物中心的大饭店你们去过没？还在饭店大堂装了一个大屏幕，实时播放咱们这儿水果蔬菜的生长过程！长过什么虫，用了什么药，施了什么肥，都清楚得很，比传统大棚种植更加绿色健康，无公害，到现在为止，还没有一个客户不满意退单的！”

“为什么会比传统大棚更健康啊？”妈妈不解地问，“5G技术除了提高工作效率，还能提高产品质量？”

“我刚刚讲了嘛，种菜跟工厂流水线一样，采用无土栽培、立体化栽培等——芒果，你刚刚进温室看到那些种植墙了吧？这么种菜，本身虫害就少了，再加上良好恒定的环境条件，用药也就少了，自然更健康。”

我恍然大悟：“怪不得刚刚看到好多花盆都是空心的，根全都露在外面！”

“你观察得很仔细嘛，那是无土栽培的一种。另外还有一种不需要土壤的种植方式，是水培。采用水培技术的生产过程，需要配合智能立体催芽系统、智能播种系统、智能移栽育苗系统、循环控制系统、智能水肥系统、智能收割系统等，从而实现蔬菜种植的标准化、智能化、规模化。工厂化蔬菜种植年亩产能够达到三四十吨，水培技术年亩产可达六至八吨，而蔬菜种植在土地上年亩产只有两三吨。”

爸爸略有些疑惑地说：“我记得水培技术已经出现很多年了，怎么现在听起来还像新技术一样？”

“水培技术不新，但全自动化的智能水培，你说新不新？”外公回了一句，又扭头对影子鸡说，“这多亏了你们5G技术的实现啊。”

“也需要其他技术的配合。”影子鸡细细解释道，“一切智慧农业场景若想要实现，前提条件都是要采集海量的数据信息，能够尽可能详尽地描绘出该场景下农业生产的各种特性指标，然后依据对这些数据的分析，做出科学、精准的决策。不管是无人农场、种植工厂还是精细养殖，背后都需要一个先进的数据服务平台，通过安装传感器、摄像头和无人机等设备，采集影响农作物生长的各项指标，比如土壤温度、湿度、酸碱度、养分、气象信息等，并通过5G网络高速传输到数据服务平台，运用云计算和人工智能技术，进行深入分析和可视化展示，做好针对性的智能灌溉、施肥、耕作等控制，达到科学精准的农业管理。对可能发生的病虫害、疫情、产量等进行精准预测和应对。"

外公频频点头，说道："有5G技术之前，你刚刚说的那些只是停留在想象中，由于网速太慢，这些功能很难彻底实现。5G技术刚开始应用在智能农业领域的时候，有个马铃薯农场做了一个实验，用无人机在农场里进行图片拍摄和采集，并通过5G，实时将采集的照片传到服务器，整个过程只用了两个小时。要知道，在有5G之前，这些采集上传的工作至少得两天呢！要是现在还跟以前似的，我这些菜恐怕早就死喽！"

温室里的水果蔬菜新鲜又清甜，我正在埋头苦吃，聊着天的大人们突然又聊起我。他们也真是的，聊天就聊天，老把我扯进来干什么……

“芒果，昨天的全景市一日游，你有什么感想啊？”妈妈问。

“嗯……”突然让我说，我也说不出来呀，我又不是七步成诗的曹植。

“我回去写到作文本上，你们再看。”

“大概多久能写完呢？”

“一天吧！”我当然是想拖得越晚越好。

“那你明天就要交作文了，现在得赶紧回家去写了吧？”

原来妈妈在这儿等着我呢！

我连忙改口：“速度快一点的话，两三个小时也行的。好不容易来外公这里一趟，多看点新东西，下周、下下周也有素材了嘛。”

外公哈哈大笑：“就是，今天要是来不及回去，就在外公这里住，明天早点起床，外公开车送你去上学！”

我乐了，妈妈急了。

“爸！”

“听我的！你们难得来一次啊！”

最后外公赢了。

我和外公外婆都非常开心，不过看着妈妈生闷气的脸，我又为我以后的日子担心了，不情愿地说："我再去看看小动物们，吃完午饭我们就回去吧。"

我曾经从农庄抱回家两只小兔子，但不知道是它们换了环境不习惯，还是我照顾得不好，它们的精神明显一天比一天差。

我问过机器鸡，可它也不知道是什么情况，最后还是让爸爸送了回去。外公却乐滋滋地说："以后外公专门给你养小动物，你喜欢什么，就养什么，你随时来外公这里看它们！"

所以农庄里现在有猫、有狗、有兔子，还有鲤鱼、孔雀、小矮马，连鸵鸟和狐狸都有。

不过，我什么动物都喜欢，就是不喜欢猪。

"猪长得太丑了，又胖又臭，吃东西狼吞虎咽的，而且叫声好难听……"我能一口气说出猪的一百个缺点。

"猪的智商高——在全世界动物智商排名中排第十位，不亚于狗和鹦鹉，相当于人类三四岁的小孩。吃东西虽然狼吞虎咽的，但是我们每天给猪洗两次澡，比你还干净呢！"外公毫不留情地反驳我。

我——完败！

不管怎么样，我带着影子鸡跑遍了农庄里每一种动物的住处，就是不肯去养猪的地方。

外公在陪我看兔子和小矮马时，跟我说：“其实它们也很臭的，只是周围打扫得干净，所以一点味儿都没有，不像过去的老养殖场……其实养猪场发生的变化，是这里最大的了。要不你去看一眼猪？”

“……”为什么外公非要我去看猪？

实在拗不过，我终于去了。妈妈跟我一起，爸爸则留下继续跟小矮马玩。要不是我们家在城里住，他恨不得把小矮马带回去养。

不过我家要真有了小矮马，那我是骑马去上学，还是骑变形金刚去上学呢……

我对猪的厌恶，大概是来源于以前看的儿童小说。

我看过一个养猪小孩的故事，从那个故事里，我认识了这种臭烘烘、脏兮兮、哼哧哼哧的家伙。再加上《西游记》里又懒又馋又多事的猪八戒，怎么能让我对猪有好印象？

但是外公外婆不一样，他们似乎对猪有很特别的感情。

他们曾不止一次地说起，小时候家里穷，很少能吃上肉。家里的农庄里开了养猪场以后，想吃培根吃培根、想吃猪排吃猪排的爸爸妈妈和我，很难体会到这种贫乏。

“我们不仅把5G技术应用在种菜上，也应用在了养猪上。”我们正走在鹅卵

石铺成的通往养猪场的小道上，外公继续给我普及，“现在大家主要吃的肉有四种，猪、牛、羊、鸡，其中猪肉占了总体的60%。咱们国家是世界上最大的猪肉生产国，也是猪肉消费大国，猪肉的品质自然得过硬，但是猪是杂食性动物，传统饲养环境普遍不卫生，非常容易感染疾病。”

“我知道我知道，我在书里看过，所以才不喜欢猪的嘛。”

“那是以前，现在条件好了，养殖业对环境的要求也提高了。2018年，非洲猪瘟肆虐，并迅速在我国蔓延，为了控制疫情，上百万生猪被捕杀，给养猪户带来无法估量的损失。这次教训，让大家意识到，养猪产业需要加强智能化和精细化的养殖探索。

“我以前很羡慕欧洲的一些养猪场。他们那里很多猪农都是专科出身，不但精通专业的养猪知识，还学习了管理和哲学。三万多头猪只需要六名工人来管理，大部分繁重的体力劳动都被机器取代了。尤其在丹麦，猪的地位相当高，从养猪场到屠宰场的途中，只要发现有人虐待猪，或者环境不够好，导致猪不适，就会立刻受到高额的罚金处罚。现在咱们也有条件了，肯定要尽量保证它们生存环境的舒适，这也是人类唯一能给它们的补偿了吧……”

我和妈妈举双手支持。

养猪的地方是一片平房区，走近就能听到小猪们欢快的哼哼声。我探头看了看离门口最近的猪圈，几头猪同时抬头看我，哼哼直叫。

“午餐时间还没到呢！”我对它们说。

猪舍很宽敞很凉快，妈妈问外公：“这里也开空调吗？这么大的房子，电费很贵吧？”

“没开，是这里空气循环系统好，凉快。”外公笑着回答，不忘对着旁边的猪圈说：“是吧，猪？”

猪们哼了两声以示回应。

外公带我们参观了不同的猪圈，母猪、公猪、小猪、病猪，都被妥善、精心地照料着。整个养猪区有三个叔叔在做日常的工作，和温室一样，有很多智能机器人给他们帮忙。

“指标都正常吧？”

“一切正常。”

外公告诉我，猪舍里也安装了物联网和感应器，全方位监控猪舍的温度、湿度、空气质量等，对数据进行随时随地的采集和分析。智能机器人还可以给猪注射疫苗，一方面节约人力成本，另一方面减少人与猪的接触，避免传染疾病的风险。

“等所有的工作都能后台遥控进行后，就不需要这么多工人了，可能一个人坐在办公室里看着监控就够了。”外公跟我说。

“啊……那他们不都得失业了吗？”我有些同情那三位叔叔，又有点怕被他们听到。

“不会，他们早就开始学习新技术了，已经规划好下一步要做什么了。”外公丝毫不担心的样子，“新技术的诞生实际上不会造成越来越多的人失业，因为人们有自发进步和适应的精神。”

那几位叔叔听到我们的对话，也扭头向我笑笑，看起来真的没有任何担心。外公又跟他们聊起了工作，我招呼影子鸡一起去看可爱的小猪。

小猪们睡得正香，我凑近一看，乐了：“真新鲜，猪还戴耳环！”

“那不是耳环，是健康监测器。”影子鸡说，“可以对小猪的生长过程进行实时监控，记录体温、心率等生理指数，还可以监督它们平时的运动情况、进食情况、排汗情况等，提前预判出疾病发生的可能性，向管理员发出预警，做好防护准备，将患病损失降至最低。”

“可以给我也装一个吗？”这么多好处，我有点心动。

影子鸡却卖了个关子：“该有的总会有的。”

白白胖胖的小猪，黑黑的小猪，花里胡哨的小猪，看起来都挺可爱的，也都干干净净的。

我忍不住趴在护栏上，伸手去摸其中一只小黑猪的耳朵。

小黑猪晃晃脑袋，迷茫地睁眼抬头望着我。它旁边的兄弟姐妹被它的动作惊扰，不满地哼唧扭动着，只有这只小黑猪一声不吭。

“它真乖，也不吵。”

“它不是乖，是天生体质虚弱，需要额外照顾。”一位戴眼镜的叔叔不知何时来到我身后，他把那只小黑猪提了出来，给它喂了一点东西。

“它吃的是什么？”

“营养液。”

“智能机器人不能像你这样喂它们吗？”

“当然可以，但现在机器人的动作幅度比较大，没有那么温柔，会吓到小猪的。”眼镜叔叔轻轻地抚摸着小黑猪的脊背，它舒服地微眯起眼睛。

我瞄了一眼周围的机器人，嗯，躺在冷冰冰的金属怀里，肯定没那么舒服。看来，机器人还有很大的改进空间。

“现在已经比过去好多啦，很多工作都省掉了。”另一个高个子叔叔过来说，“以前需要人亲自给猪准备一日三餐，还要打扫猪圈，稍微一犯懒就臭烘烘的。哪只猪生病了，要是发现得不及时，很容易就把病传染给其他猪了。现在呢，每只猪都有自己的数据，我们可以根据数据来分析它们的行为特征、体重、进食情况、运动情况……每只猪每顿该吃多少合适，自动化喂养装置可以自动设定……”

眼镜叔叔笑着打断了高个子叔叔的滔滔不绝：“行了，一说到工作你就没完了。”

“我可以摸一下小猪吗？”我试探着说。

眼镜叔叔很爽快地答应了，把小猪放到我的怀里。

嗯，软乎乎的，清清爽爽的，一点都不脏不臭。

我发现，大人们一聊起工作来，连吃饭都不能让他们停下来。

中午，整个农庄的人都聚到一起吃饭，除了有社交恐惧症的小蜂姐姐。不过，总共加起来也就十多个人而已。

有管理猪舍的三位叔叔，还有一位王阿姨负责照顾其他的小动物，什么鱼啊，兔子啊，狐狸啊，都归她管，上午我去找小动物玩时，正看到她带着智能机器人给鲤鱼搬家呢。

外公向我们介绍负责外面的无人农场的另外两位同事："虽然现在还得靠他俩帮忙维护一下，但迟早会变成真正的无人农场。"

我爸不愧是我爸，产生了跟我一样的疑问："那你俩以后准备做什么呢？"

"即使是无人农场，也还是需要一个人来维护设备的。"其中一位说。

"我的积蓄差不多攒够了，准备出去旅行写生。"另一位说。

旅行写生啊，真好。能够走遍美好的地方，画下一路美好的景色……等我大学毕业的时候，也要来一场说走就走的旅行！

午饭后，我们准备离开外公外婆的农庄了。跟以往一样，外公外婆恋恋不舍地一直将我们送到农庄外的大路边。

有过全景市的经历后，我隐隐对普通道路生出了一点担心："爸爸，你开车小心一点，虽然我们换了新车，但这边的路可没全景市的路那么聪明。”

“那我有没有全景市的路那么聪明呢？”爸爸一边设置导航，一边反问道。

“很难判断。”妈妈跟我对视了一眼，心有灵犀地说。

5G 漫画小剧场

不好啦，变成萝卜了

据我观察，5G与农业结合的成果有四个方面。
一、种植技术智能化：把需要人工完成的工作，如播种、插秧等，全部交由智能机器人自动完成，5G的作用是保证实时、准确地传输数据。

二、农业管理智能化：利用智能化设备随时监控农作物的生长状态和环境变化，如病虫害、养分、阳光雨水等数据，通过5G向后台人员传输数据信息。
忙碌
服务周到

三、种植过程公开化：通过网络可以观看农作物的生长全过程，让消费者知道农作物施过什么肥，生过什么病。让人买得放心，吃得安心。

四、劳动力使用智能化：因为有了大数据分析，可以精准算出一亩地、一片果林需要占用多少劳动力和劳动时间，做到准确配置资源，避免浪费。
5G

中场休息
卡！

谢谢啦！摄影机已经关啦，你不用有偶像包袱。
你还是太年轻！看看你脑袋顶上的无人机。这里的农作物需要24小时保持自己的形象优雅。
优雅
优雅
中场休息

通过5G网络+AI技术实现无人机的自主作业，彻底实现7×24小时无间歇巡查农作物情况，及时补水、施肥、防患病虫害等。

科技给农业带来的改变，不只体现在种菜上。我再带你去养猪场体验5G精准化养殖！
拉
5G
这次不会要把我变成猪吧……

咻
哼
哼
噗
哼
哼
?

糟
5G
我为什么还是根胡萝卜?!
砰!

垂
涎
抖
影子鸡，救、救命啊！

情况紧急，你就边跑边听我说吧。
5G
逃
命
狂
追

传统人工养殖，消耗大量人力，还容易造成污染，对猪的状态判断也容易出现差错。
而智能精细养殖，不仅在猪舍配备了自动化喂养装置、监控设备，还有给猪注射疫苗的智能机器人，有效避免了人与猪接触传染疾病，为猪猪提供了最佳生长环境。

那里是安全的！
饱食
饱食
饱食

躲
饱食
饱食
饱食
哒
哒
哒
哒

它们身上的是什么？
饱食
5G
是采集猪猪数据信息的监测器。

无论是农场还是养殖场，其背后都需要一个先进的数据服务平台。利用传感器、摄像头和无人机等设备采集各项指标，通过5G高速传输到数据服务平台，再运用云计算和人工智能技术，对可能的病虫害、疫情、产量等进行精准预测和应对。

一句话来说，一切都离不开数据，而数据的传输离不开5G！
5G

第五章

住在我家的医生

5G+ 医疗：无所不在的健康卫士

从农庄回来后的当天晚上，写完日记，我就觉得肚子不太舒服。

“我就说中午不能让她吃那么多吧，我妈还非让加菜。”妈妈向爸爸抱怨，“有没有健胃消食片，给芒果吃一片吧。”

我一边忍着肚子疼，一边高兴地接过健胃消食片。这是我最不反感的一种药了，嚼起来酸酸甜甜的，有点像山楂片。

吃完“山楂片”，疼痛似乎缓解了一点，我于是趁着不那么疼赶紧爬上床睡觉。

半夜，我满头大汗地被疼醒了，妈妈赶忙去厨房倒了温水给我喝，还帮我缓缓地按摩肚子。可是没用，我只觉得越来越疼。

“不会是急性阑尾炎吧？”妈妈赶紧把爸爸喊起来，让他开车送我去医院。

凌晨1点钟的急诊处，冷冷清清，只有两台胸前画着红十字的导诊机器人一左一右守在门边。爸爸慌慌张张地抱着我走进大厅，就见其中一台机器人迎了上来：“您好，请问需要什么帮助？”

“我孩子肚子痛，麻烦请医生看一看！”

导诊机器人的眼睛闪了闪蓝光，说：“好的，已为您安排02号诊室。”

下一秒，机器人的肚子打开，伸出一张折叠推床。它张开两只软绵绵的大手，将我托到推床上，直奔诊室。

急诊医生一边让机器人给我测体温，一边问爸爸妈妈我的情况，待他听完导诊机器人播报我的体温后，说：“发烧了。先去做个血常规，再去拍片子。”

我昏昏沉沉地躺在机器人推床上，只知道自己被推进了一个小房间，不停地有新的机器人在我眼前出现，给我做各种检查。

在来医院之前，爸爸妈妈还担心由于很少来医院，会因为不懂流程而耽误看病呢。现在有护士机器人帮忙，他们只需要跟在推车后面缴费和回答问题就行了。

影子鸡也一直陪着我，小声安慰道：

“芒果，别怕，你看，有那么多机器人呢，多好玩……”

真的，除了推我来来去去的导诊机器人之外，还有给我抽血的护士机器人，给我拍片子的机器人……转移注意力之后，似乎疼痛也减轻了呢。

当做完全部检查项目回到医生办公室时，所有的检查结果居然都已经出来了，医生看完之后，迅速安排我去做手术。

在去手术室的路上，爸爸跟妈妈嘀咕：“怎么结果出来得这么快，不会有什么问题吧？我记得以前拿到这种CT报告要等半小时呢。”

两人说了半天也没聊出个所以然来，于是影子鸡解释道：

“这是因为现在医院里能够通过AI技术自动识别医学影像，用机器代替人去

看光片。现在的AI技术，已经可以大批量、快速地处理各类图像数据，通过自动识别医学影像，对相关疾病做出筛查和辅助诊断，为医生减少了大量重复性的工作量。

“有了这个技术，一方面，对于人手短缺的医院来说，可以快速解决根本问题。另一方面，医生的工作压力太大，如果一直进行重复、单调的看光片工作，很容易头晕眼花，导致疲劳漏诊，而机器不会累，从而大大降低了误诊率。

“在这个过程中，5G技术大大提升了AI的处理能力……”

在影子鸡的絮叨声中，我昏昏沉沉地被推进了手术室。

导诊机器人临走之前，把我的手脚固定在了窄小的手术台上，这种情形让我极度紧张，冷汗直冒。

手术室内穿着蓝色手术服的医生哥哥可能看出了我的紧张，弯腰笑眯眯地对我说：“不怕啊，睡醒一觉手术就做好了，不疼的。”

“要做什么手术啊？”我声音颤颤巍巍地问。

“你是急性阑尾炎，要把那条发炎的小尾巴割掉才能好。”

“啊？我哪有尾巴啊？”我怀疑医生哥哥在逗我。

“每个人都有的，这是我们进化过程中遗留下的没用器官——来，别紧张，戴上这个，深呼吸——你们上课学过吗？没有啊？那看书的时候有没有看到过啊……”医生哥哥声音动作都温温柔柔的，他一边说一边把一个透明的软罩放在我脸上，让我深呼吸几下……

他后面似乎还说了什么，但我全都没有听清了……

再次醒来时，已经是一大早了。

起初刚醒时，我并不知道已经到了早上。

病房的窗帘没有拉开，光线暗淡，只留了一盏床头灯，隔壁病床传来响亮的鼾声。我也不知道自己是自然醒的，还是被鼾声吵醒的。

爸爸的脸突然从旁边冒出来，把我吓了一跳。

“醒了？感觉怎么样？”

“好冷……”我哆哆嗦嗦地小声说。

“已为您调高温度。”一个悦耳的声音从床头传来，我费力地抬了抬眼皮，又看到一个机器人。这个机器人比之前的导诊机器人个头小不少，机械手十分灵活，倒是跟抽血室的机器人有些像。

爸爸给我的班主任老师打电话请了假，看我精神不错的样子，就和妈妈一起去上班了。

我又昏昏沉沉睡了一会。再次醒来时，走廊、病房里热闹了起来，原来是探病的家属们在聊天说笑，病房里还多了几个造型不同的机器人在安静地忙来忙去。

我第一次住院，新奇感冲淡了身体的难受。虽然爸爸妈妈不在身边让我心里有些怯怯的，但是有影子鸡和这么多好玩的机器人陪着我，就当是一次医院冒险

之旅吧！

我开始细细观察起病房里的情况。除了我以外，病房里还有两个患者。我的病床靠窗，中间的床上躺着一位老爷爷，靠墙的床上坐着一位卷发阿姨，他们床边都有家属陪着。

此时，老爷爷正在委屈地跟老奶奶说话：

“我现在真想吃点东西啊，茶叶蛋、青菜粥都行……”

“不行，你刚做完手术，医生不让你吃。”老奶奶斩钉截铁地拒绝了。

“唉，我现在就想吃点好的……”老爷爷继续发着牢骚，但老奶奶丝毫不为所动。

“知足吧你，也就几天的工夫，回家就能吃了。你再想想十几年前那回生病，住了多久的院！”

“也是哈，幸亏到七十岁才复发。”老爷爷倒也想得开，乐滋滋地附和道。

靠墙的卷发阿姨在吃早餐，老爷爷闻到她碗里的米香味，又馋得哇哇叫起来：“哎呀，实在是太香了，简直是在给我上刑啊！”

“你可住嘴吧。”老奶奶哭笑不得地呵斥他。

卷发阿姨连忙吃快了些，把空碗递给床边的寸头叔叔，不好意思地说：“抱歉啊，打扰你们了。”

“甭理他，甭理他。”老奶奶连连摇手。

“大爷这是怎么了？”寸头叔叔问。

这下老奶奶可打开了话匣子："肠梗阻复发了。他年轻时候工作忙，肚子难受就强忍着。好不容易抽空去医院了，却已经耽误了治疗。做完手术住院的时候又遇到不上心的护工，身上长了老大的褥疮，足足养了半年才好！这次住院前我还担心呢，靠我一个人哪顾得过来啊！结果没想到医院条件变得这么好，在救护车上第一时间给我家老头子做了CT检查，再把结果传给医院里的专家，专家远程指导车上的医护人员给他做急救，就跟已经进了急救室一样一样的，一点儿都没耽误！现在手术做完了，住院也不用我操心，该干的机器人全给我干了！"

我正听得起劲，影子鸡突然像闹钟一样嗡了一声："芒果，翻身的时间到了，你必须两个小时翻一次身。"

这时候护工机器人向我"走"了过来，帮我在床上慢慢地翻身，从左到右，从右到左。我被晃得头晕，问："这是干什么呀……"

"是为了促使肠蠕动，让你早点排气，避免肠粘连。"影子鸡解释。

"排气是什么？"

话音刚落，我放了个响亮的屁。

啊！我的脸腾地红了，还好我的脸冲着窗户，不然我真不知道该摆出什么表情来化解这尴尬……

只听大人们在我背后轻轻地笑起来，那个阿姨说："哎呀，小孩子就是好，这么快就排气了。"

"是啊！小朋友真棒！你很快就能出院啦！"老爷爷也笑着说，"真希望我

也快点排气。”

他们的语气里似乎充满安慰和羡慕。

渐渐地，我的尴尬消失了，头一次觉得当众丢脸不算什么大事。

病床上的生活十分乏味，两天之后，我失去了新奇感。

我跟隔壁床的老爷爷一样，只能喝一点点的粥和牛奶，什么好吃的都不能吃，每到饭点，闻着楼道里飘进来的饭菜香味直流口水。卷发阿姨已经出院了，病房里就剩下我们一老一少两个可怜虫。

我倒还好，医生说我再有三天就能出院了。想到出院后又是一个周末不用上课，我心里就美滋滋的。

隔壁床的老爷爷就没那么好了。尽管有护士机器人和护工机器人尽心尽力地照料他，他依然持续发烧，人也越来越没精神，每天都要输好多液，从早到晚的。医生说，老爷爷的病情有点复杂，我们市的医疗水平不足，准备申请全景市第一医院的远程会诊，很可能需要进行一次远程手术。

“那要多久才能回家啊……”老爷爷像小孩子一样，有气无力地抱怨着。

“听医生的话，治好了咱就回家。”老奶奶的表情明显不像前两天那么轻松，充满担忧。

“为什么不直接带老爷爷去全景市做手术呢？”我也为老爷爷的情况感到着急。

“他刚做完手术，感染情况又比较严重，最好不要随意移动。”影子鸡告诉我，“放心吧，全景市的远程医疗援助已经很成熟了，很快就能把老爷爷治好的。”

老爷爷被推走去进行远程会诊了，病房里只剩下我一个人。

一个人躺在床上无所事事的时候，所有不舒服的感觉就变得特别明显，腰酸背痛，浑身难受。影子鸡叫来护工机器人，把我扶下床慢慢走动。

“坚持一下，阑尾炎手术最怕长期躺着不动，很容易引起肠粘连的。”

在走廊里来回走动也是非常无聊的事情。

我扶着护工机器人的金属臂，缓缓挪动着。走廊里还有其他病人，大家都病恹恹的，没有活力，让我心情更低落了。

“我会不会也像老爷爷一样病情反复啊？”我很悲观地问影子鸡。

“有可能。”影子鸡老老实实地回答。

“你就不能安慰我一下吗？”我没好气地说。

“好的。”影子鸡想了想，“数据和资料是最能安慰人的东西。我可以告诉你，即使病情反复，也不需要担心，现在的医疗条件完全可以解决你的问题，只不过稍微麻烦点而已。

“那位老爷爷是因为身体条件不好，导致病情恶化。其实即便是在今天，各个国家依然缺少经验丰富的医生。培养一位有经验的医生是非常困难和漫长的，而这些精英往往集中在大城市的医院里，像我们这种小城市和农村地区，无论是医生还是医疗资源，都处于短缺的状态。当遇到疑难杂症时，很难第一时间准确诊断并治疗，只能赶去大城市的医院看病，费钱又耽误治疗时间。

“有了5G技术支持以后，超高清视频通话系统就可以在医疗领域投入使用了，这可是远程诊疗的核心技术。现在，很多医院都陆续购置了超高清的视频设备，4G的网速已经无法满足这种设备的需求，只有5G才可以满足远程会诊的技术要求。这样，相隔千里的患者和医生，就像面对面坐着一样，详细地交流病情。专家们坐在电脑前，就可以把患者的情况了解得清清楚楚。”

我仍然有些不安地追问：“那万一……万一我情况变差了，会不会也有更厉害的医生给我远程会诊呢？”

“你的病又不是疑难杂症……要是什么事情都找专家，专家们怎么忙得过来呀！”

查房的医生正好来查房，听到了我们的对话，笑着揉揉我的头：“你这孩子乱想什么呢？放心吧，你的各项检查都很正常，好好休息两天就能出院了。”

“那个……老爷爷现在怎么样了啊？”我不好意思地换了个话题。

医生看了一眼手机，说：“会诊就快结束了，他们正在安排远程手术。”

“远程手术，跟傀儡术一样吗？”我异想天开地问，“就是一个专家在全景市举起手术刀，这边的医生也举起手术刀，动作同步……”

“哈哈哈。”管床医生笑着否定我的猜测，“你猜对了一半。咱们这边并不是医生拿手术刀哦，而是机器人在远程专家的控制下，给病人做手术。”

“机器人做手术？”

我吓了一跳。机器人能执行那么精密的手术操作吗？当然了，护士机器人每次给我扎针都很准，还不疼，可是做手术跟简单的扎针能比吗？

查房的医生没有再跟我聊下去，匆匆走向隔壁的病房。我满脑子问号，只好继续追问影子鸡。

影子鸡给我普及道：“在以前，手术机器人只能辅助医生做一些简单的手术治疗，毕竟，远程手术对机器人、医生和网络传输三方面的要求都很高。比如大医院里很厉害的专家医生需要佩戴3D眼镜等设备，实时观察手术现场画面；手术机器人的机械手臂要足够灵敏和精准；手术过程中的每个步骤，都需要医生通过视频进行操作，这对网络传输速率有着非常高的要求。”

“还是因为有5G技术做基础，机器人才能被远程控制进行手术，对吗？”

“是的。现在给旁边病床的老爷爷做手术的，就是专用的手术机器人。5G网络切片技术诞生以后，可以按照手术的要求设置专用网络通道，保证远程手术的网络传输稳定、安全和实时。比如，在2019年，北京积水潭医院在机器人远程手术中心，通过远程系统控制平台同时连接了嘉兴和烟台的两家医院，成功完成了骨科手术机器人多中心5G远程手术，这可是全球首例呢！这种手术将会越来越普及，更多的医疗专家可以基于通信、传感器和机器人技术，为偏远地区开展手术治疗服务。”

“这么说，要是有人突然在家里病重或受伤了，不能轻易移动，是不是可以派手术机器人赶到病人家里，让医生远程遥控做手术——”

“那可不行。”影子鸡笑着打断我的话，“普通人家里哪有做手术的条件啊。除了手术机器人必须到场以外，现场的环境消毒和视频接收设施，都得完备才行呢。”

“……也是哦。”是我想得太简单了。

“不过，远程手术技术确实已经推广到了医院以外的地方。像战区、灾区这类特殊环境中，如果远程手术技术完备，既可以第一时间治病救人，又缓解了医院人手不足的压力。”

“那就很棒了！要是古代也有远程手术就好了，那样华佗就可以操纵机器人，远程给曹操刮骨疗毒，曹操也就没机会杀华佗了！”

“刮骨疗毒是关羽的故事。”影子鸡纠正道。

这时，我手腕上的监测仪发出了一阵蜂鸣声。

“该换新液了。”护工机器人柔和地说。

“嗯，我也想休息了。”在走廊站久了，我觉得有点疲惫，回到病房躺下，等护士机器人过来换输液瓶。

过了一会儿，查房医生也来了。

“芒果很乖哦，恢复得很好。记得多多翻身，今天可以吃点好的了。”

“真的？”我眼睛一亮，立刻开始琢磨一会儿让爸爸妈妈带什么好吃的给我。

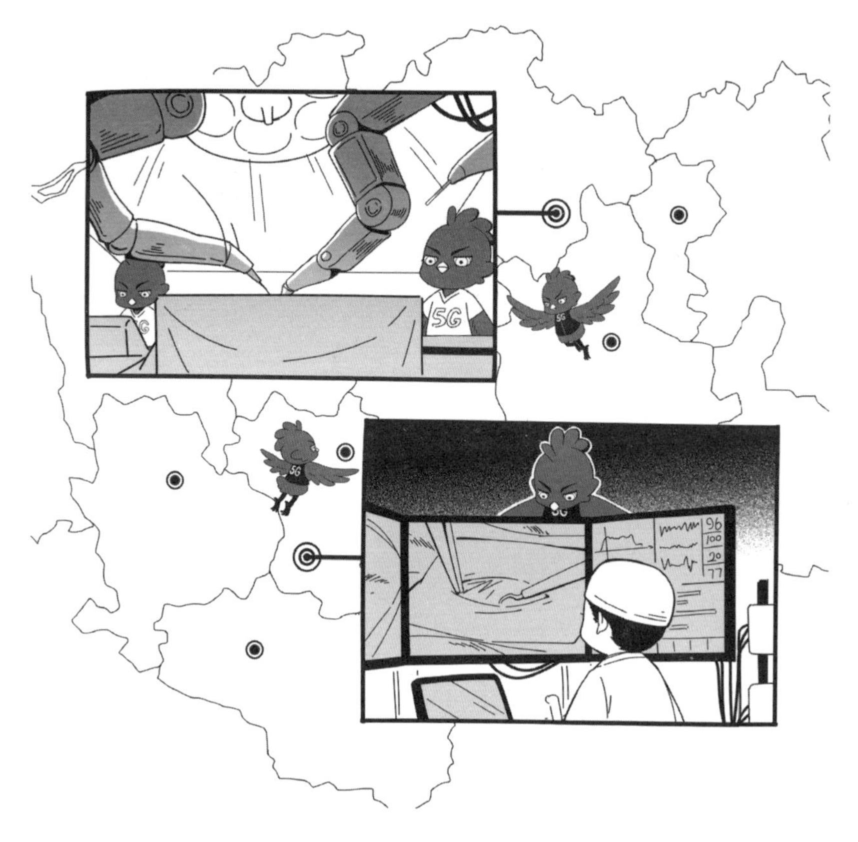

“嗯，但还是以流食为主。”

我的嘴里顿时充满清清淡淡的稀饭味儿。呜，好想吃薯条啊……

晚上，妈妈竟然给我带了一个鸡蛋布丁，真是个大惊喜！

“唉，芒果这回可受罪了。”妈妈坐在床边，心疼地看着我，“吃吧，就吃一个应该没事。”

这天晚上，我拉了两次肚子。

妈妈担心得在病房陪了我一整晚。

护士机器人早晨六点钟准时来给我抽血检查，没一会儿，查房的医生过来了，听说了我的情况后，又看了看化验单，笑笑说："别担心，没事的。"

"是鸡蛋布丁闹的吗？"妈妈有些愧疚地问。

"鸡蛋布丁没问题，拉肚子也没事，过两天肠胃适应就好了。"查房的医生说，"如果真的有问题，健康监测仪早就提示了。"

听他语气这么笃定，妈妈才放了心，提心吊胆了一整晚，这会儿趴在我床边沉沉地睡了。

三 给医生和病人“减负”

今天病房里来了个新病人。

那是一位年纪很大很大的婆婆，躺在病床上呼哧呼哧地喘粗气。一个戴着眼镜的斯文哥哥在忙前忙后地打理一切。我正奇怪他为什么不去找护工机器人帮忙时，老婆婆的主治医生过来了。

“怎么忙成这样？”医生疑惑地问，“你去护士台登记一下，让护工机器人过来帮你就行了。”

眼镜哥哥刚张嘴，那位老婆婆呼哧呼哧地抢着说：“不登记，不登记，我们不要护工。”

医生略一思忖，试探地说：“是怕花钱吗？护工机器人不贵的，以前的护工一天要两三百块钱，我们这个机器人一天只要五十块，而且做得不比人差。”

老婆婆没说话，皱巴巴的眼睛里充满怀疑。眼镜哥哥犹豫着问：“真的吗？机器人这么高级，怎么会比人工还便宜呢？”

“放心吧，我们医院购置这些机器人，是有国家资助的。”医生说。

等这家人安顿好后，昨晚做了远程手术，重新恢复精神的老爷爷开始兴致勃勃地跟他们搭起话来：

“打哪儿来啊？”

眼镜哥哥说了一个我从未听过的名字。

“哦，她是你的什么人？”

“是我太婆，我们这是第一次来城里的医院，原来现在这么先进了啊……”

“没错，现在不比以前啦。前些年医疗资源少，医生不够用，看病难，看病贵……”老爷爷说着，有些感慨，又对坐在床边的老奶奶说，“你还记得那时候家里三个人同时住院吗？我爸中风，你妈心脏病，儿子因为工作压力太大导致缺觉，还胖到需要医生帮他减肥！只能咱俩前前后后地跑，还经常排不到专家号……”

“专家号是什么？”我小声问影子鸡。

“就是去找对某种疾病更有经验、更权威的医生挂号看病，如果得了疑难杂症，大家都想找专家。”影子鸡说。

“是啊，普通医生都不够用，更别提专家了！”老爷爷有些激动地说。

眼镜哥哥也被勾起了伤心事：“我们这些小地方的人就更惨了。生病的话只能去县里的小诊所，大毛病根本解决不了。之前我就想送太婆来城里的医院，可太婆不让，说贵，而且肯定排不上队，这次来了，发现没有想象中那么昂贵和拥挤呢。”

老爷爷说：“你别看现在这家医院好，十几年前确实跟你太婆说的一样，又贵又挤。附近乡镇的人都来这里看病，医院负担太重了，不仅搞得病人心情不好，医生还特别累。幸亏现在有智能机器人和远程会诊、远程手术，让我们这小城市的医院，也能享受到全国顶级专家们的医疗援助了。”

我背过身去，偷偷给影子鸡比了个大拇指："你们真是帮了我们大忙了！"

"哪里哪里……"影子鸡刚要谦虚，我就接口说："都是互相配合！哈哈哈！"

我都会抢答了。

"确实是这样嘛……"影子鸡竟然有些害羞，"从5G技术投入使用的那天开始，医疗就是最受关注的行业之一了，我们进入救护车、手术室和病房，帮助各种设备提升效率。所以说，如果没有其他新技术接连诞生，光有5G是不可能做到这一切的。"

"辅助也能当王者！"我说，"你就别谦虚了——"

健谈的老爷爷又被我们的对话吸引了，转头问影子鸡："对啊，我一直搞不明白，看病怎么就一下子这么方便了呢？你们是怎么做到的？真厉害啊！"

影子鸡有点不好意思，说："简单来说，我们具备三种特性：高速率、低时延、大连接，可以分别应用于三种医疗场景。第一种是远程会诊。高速率的增强移动宽带，可以提供5G高清视频传送，适合远程进行急救任务，将传统的抢救地点从医院提前到了病发现场。

"在救护车上，医护人员可以为病人完成CT检查，并将CT影像和电子病历等数据实时传输给远方的医院专家会诊现场。会诊现场的医生们根据传来的数据信息，对救护车上的医护人员进行远程急救指导，仿佛病人就在医院急救室、在专家们的眼前一样。病人虽然还没到达医院，却做到了'上车即入院'。当然啦，即使不是急救，平时医生也可以对住院病人进行远程会诊……”

“啊，这个我有经验！”老爷爷激动地说，“昨天远程会诊，我一看，电脑对面的是那位赫赫有名的王医生，领域里数一数二的专家！”

眼镜哥哥很认真地听着，期待地问：“像我太婆这种情况，也可以申请远程会诊吗？贵不贵？”

“她的情况要是不严重，就没必要找专家了嘛。你还是听医生的安排吧，医生说要远程，你就远程。”老爷爷说，“来，接着讲，还有什么？”

“第二种应用场景，您昨天也经历过了。”影子鸡顿了顿说，“就是远程手术和重症监护。刚做完手术的病人，医护人员可以在后台收集病人的生命体征信息，实时进行监控和反馈，减少医生往返病房的时间；如果病人需要重点关注，那么即便是其他地方的专家，也能够远程监测，及时了解病人的情况。”

影子鸡说完，指了指正在病房里穿梭忙碌的护士机器人和护工机器人：“第三种应用情景就在这里——智能机器人和医疗设备。每一个机器人在哪间病房，有哪些任务需要去做，后台管理人员都能够很清楚地看到。现在大型医院的医疗器械设备非常多，但管理人员有限，若是能统一后台管理，可以大大节省人员成本。”

眼镜哥哥大概是病房里最吃惊的一个人。他听着听着，不由自主地张大了嘴巴，怅然若失的样子：“科技发展得真快啊……”

影子鸡点点头：“是的，科学家们还在结合人工智能、大数据和云计算等技术，继续创造更多的应用场景——药物研发、家庭健康管理，这些领域也出现了许多的智慧医疗产品和服务。比如，微软将AI技术用于医疗健康计划‘Hanover’，寻找最有效的药物和治疗方案；还有IBM公司的Watson Health（沃森健康），它是AI技术在医疗行业最深入、最有效的尝试。通过与一家癌症中心合作，对大量临床知识、基因组数据、病历信息、医学文献进行深度学习，创立了诊断和治疗肿瘤、心血管、糖尿病等疾病的医疗系统，并于2016年进入中国市场……"

影子鸡越说越专业，我和眼镜哥哥听到后面，都似懂非懂的。

眼镜哥哥说："我从小就很羡慕国内外这些搞发明创造的人，尤其是医学发明，能给人减少多少痛苦啊！可惜我不是学习的料，一背书就头疼，既当不了科学家，也当不了医生，现在只能帮亲戚跑跑腿，做点小生意。"

老爷爷鼓励他："别灰心，小伙子，只要找到自己擅长的工作，就能成为优秀的人。说不定你以后生意做大了，还能给医院的科研项目投资呢！"

眼镜哥哥用力地点点头，躺在病床上的太婆咧开没牙的嘴，呼哧呼哧地笑起来："借您吉言，借您吉言……"

星期五上午，我终于出院了。

护士机器人最后一次为我检查身体，将结果汇报给医生。

“接下来需要静养两三天。”医生对来接我的爸爸妈妈说，“推荐你们给孩子买一个健康监测产品，能够随时知道他的身体状况。”

爸爸不以为然：“这没什么必要吧？我戴过那种手环，连接手机软件，测测心跳、血压、体温什么的，没别的信息。说实话，很鸡肋。”

医生笑笑解释说：“我可不是给产品打广告做推销啊，确实是患者需要，我才建议他们买。现在的健康监测产品已经更新换代了，不光是测测心跳、体温而已。不信你们去大门口的药店体验一下吧。芒果，再见啦，身体有什么不舒服，一定要及时告诉爸爸妈妈，知道吗？”

说完，他就步履匆匆地去了其他病房。

老爷爷还要再过一阵子才能出院，这几天他气色特别好，高高兴兴地对我说：“再见啊，在家好好休息几天，千万别再回医院啦！”

“嗯，谢谢爷爷！”

我脱下病号服，换上自己的衣服，顿时觉得自由多了。妈妈揽着我的肩膀走向病房门口：“慢慢走，小心点。”

尽管已经走得很慢了，到医院门口时，我还是觉得肚子酸胀。妈妈对爸爸说：“去门口药店看看也没啥，反正今天咱们一家人都请假了，时间有的是。”

药店和医院一样雪白干净，静悄悄的，只是比医院多了更多的玻璃柜子。我们和另一个人同时进门，两台身穿西装的藏青色机器人立刻滑行而来：“您好，请问有什么可以帮到您？”

那人说：“我嗓子不太舒服，想买点药。”

西装机器人说：“好的，已为您转接人工服务。”

接下来，机器人的面部屏幕闪过一阵蓝光，一位医师的脸庞出现在屏幕里，开始对那人详细问诊。

另一台西装机器人问我爸爸：“请问您需要什么？”

“有健康监测产品吗？”

“有的。”西装机器人立刻介绍起了种种实用又时尚的产品，什么项链、手环、耳环、钥匙扣……爸爸妈妈让我自己选择，我突然联想起外公农场里每一只猪耳朵上都有的健康监测仪，脱口而出：“我要耳环！”

“除了耳环，其他的都行。”妈妈板着脸说。

最终我获得了一个儿童健康手环。米白色的，非常轻薄小巧，上面闪烁着细微的蓝色光点。

爸爸打量着它，说：“好像比我那时候戴的小巧一点。”

“还挺好看的，我也想买一个了。”妈妈说。

她又买了四个手环监测仪，准备送给外公外婆、爷爷奶奶，还给爸爸买了个戒指监测仪。

“项链款和耳环款，哪个好看些呢？”妈妈对着药店里的镜子比画着，拿不定主意。

“都好看。”我和爸爸异口同声地说。

妈妈把两件都买了。

付钱之后，我们按照说明程序一步步进行激活，手环“叮咚”响了两声，传出一个柔和的声音：

“芒果你好，我是你的家庭医生‘小依’。你当前的身体数据已同步至你与父母的三台手机，接下来，我会陪伴你度过每一个安心的白天和夜晚。无论何时，你都可以呼唤我。”

听起来挺智能的，我想。

坐进车里后，我开始跟健康监测手环聊了起来。

“小依！”

手环立刻欢快地回答：“哎。”

“我现在身体状况怎么样呀？”

手环几乎毫不迟疑地回答：“生命体征稳定，是否需要详细信息？”

“需要。”

“当前体温36.5℃，心跳每分钟80下，血压107/75，血氧饱和度99……”

坐在驾驶座上的爸爸忍不住嘟囔：“这不是一样吗？”

手环继续说：“如需进行其他检查，请在手机软件中选择，并按照指示操作。”

爸爸打开手机，浏览了一下软件页面：“嚯，项目还挺多，视力也能测？还有医生对接？这有点像把医生带回家里了啊。哦，还可以在异常状态下自动拨打120……”

他本来很抗拒妈妈给他买的戒指监测仪，此时自言自语着，把戒指戴上了，兴致勃勃地输入了自己的身体数据。

我说：“这样的话，我们岂不是不需要来医院看病了？”

“这个想法不对。”影子鸡说，“健康监测仪的作用是辅助，通过对医疗数据、专业文献的采集与分析，模拟医生问诊流程跟用户交流，依据用户病征给出最终建议。但这只是基础问诊，帮助患者对病情早发现、早治疗、早痊愈，减少医疗系统的压力。”

妈妈赞同地点点头：“对，很多病早发现很容易治好，拖得越久越麻烦。芒果，你回去要监督外公外婆、爷爷奶奶戴好手环，对预防疾病很有用的。”

“好！”

车刚到家门口，我们就看到了一个熟悉的身影在门前翘首以盼。

“外婆？你怎么来了？”

我赶紧下车，外婆一把抱住我，心疼地说："哎哟，看给孩子折腾的，脸都瘦了一圈！你们可真行，出院了才告诉我！"

"这不是怕你们担心嘛。"妈妈赔着笑，外婆瞪她一眼，把胳膊上大大小小的餐盒跟食品袋递给妈妈，"赶紧进屋，我炖了一早上的鸡汤，芒果先喝一碗。"

我盯着那些袋子，咽了下口水。

进门之后，外婆就去厨房忙开了，妈妈一边盛鸡汤，一边给我使眼色。

我会意，掏出妈妈包里的一个健康监测手环，去了厨房里，一下子扣在了外婆的手腕上。

"这是什么？"外婆被我吓了一跳。

我举起自己的左手，得意地摇晃着："这是监测您身体状况用的，我也有一个，妈妈给每个人都买了！"

"买这东西干吗，浪费钱。"外婆说着，在围裙上擦了擦手，想把手环取下来。我忙阻止她，"这是医生建议的，有用，不信的话，您就戴一段时间体验一下嘛。"

"这……洗菜、洗澡的时候也不方便啊！"

"它是防水的，24小时戴着都没问题。"我继续劝说，同时示意影子鸡帮我说话。

影子鸡说："您就戴上吧，这是趋势，以后肯定每个人都要戴上的。现在正

在从以前的‘以治疗为主’慢慢变成‘以预防为主’，不光是年轻人，像您这样的老人家，很多都开始主动参与全周期、多方位的健康管理了。”

外婆摇摇头：“我身体好着呢，没必要监测。”

“您连每年一次的体检都懒得去做，怎么知道自己身上哪儿出问题了呀？”妈妈忍不住提高了声音，“非要等病情严重了，觉得不舒服了，才肯去医院吗？”

影子鸡也进行“科普式”劝说：“外婆，要‘防患于未然’。使用健康监测手环之后，健康护理从医院转移到家庭中，把被动的疾病治疗变成主动的自我健康监控。您可以获得贯穿诊前、诊中、诊后全生命周期的健康管理专业化精准服务，手环会将收集到的健康数据进行计算，从中初步判断出健康隐患，并提供基础的预防指导，就像身边有一位贴心的‘健康顾问’一样。”

“好吧，好吧。”外婆终于被说服了，假装气哼哼地挥了挥手，“下次别不打招呼就买这么贵的东西了啊。”

“下次不了！”妈妈保证道，“但这个手环是必需的，回头您把我爸的手环也带回去。”

“你爸肯定也要说你，这东西我们以前也用过啊，还有家庭血压计、血糖仪，买来用不了几回。”

影子鸡说：“这个手环可不一样。以前那些缺少通信功能，监测的数据无法传送到云端数据中心，更无法进行复杂的后台分析，起不到真正意义上的健康管理作用。现在有5G技术的支持，不仅可以实时收集并分析个人的健康数据，还具备一定的医疗专业技能，为您提供专属的健康方案。通过预防性筛查和重点关注高发疾病，帮助您长期保持健康。”

妈妈说：“是啊，你们年纪大了，需要照顾，让你们请保姆又不请，什么事情都自己来……”

外婆很不以为然：“请什么保姆，好手好脚的！”

“……我知道你们不肯嘛，所以只能给你们配一个虚拟的‘健康顾问’，到时候你们的手环数据也共享到我的手机上，我随时都能看到。”

“行行行，知道了，一天天的净瞎操心，我菜都煳了。”外婆说着，赶紧去抢救她的香烤龙利鱼去了。

妈妈如释重负地松了口气，老人家可真是不省心啊。

现在好了，我们家多出了足足七位细心周到的“家庭医生”！以后跑医院的次数，应该会更少一点了吧?

虽然机器人很好玩，但我可不想再经历一次住院时光了。

5G 漫画小剧场

紧急任务！拯救亮亮！

为了更真实地体会5G对医疗的贡献，影子鸡带芒果来了一场VR游戏，完成任务即可通关。

在救护车上，医护人员可以为病人完成一系列检查，并将数据实时传输给远方的医生，医生指导进行远程急救，仿佛病人就在急救室、在医生眼前一样。做到了“上车即入院”。

拯救濒死的诸葛亮！
任务2：医院人手不足，请为诸葛亮进行手术，并实时监测他的生命体征。
ICU病房

都什么破任务啊？！这怎么可能做到？！

嘟
别怕，有选项。
A：普通医护
B：5G技术医护

5G网络切片技术诞生以后，可以按照手术的要求设置专用网络通道，保证远程手术的网络传输稳定、安全和实时。

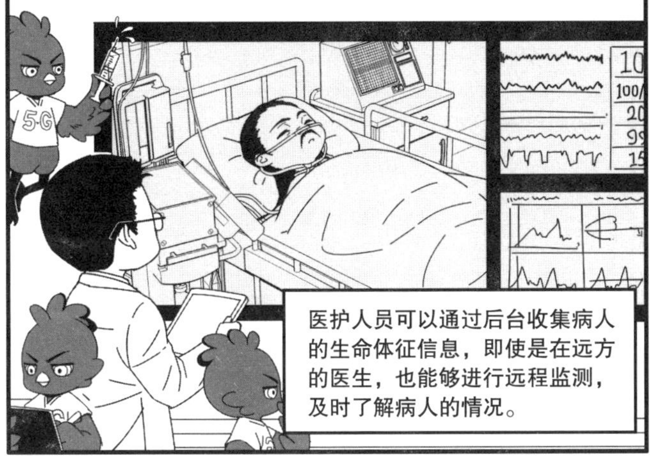
医护人员可以通过后台收集病人的生命体征信息，即使是在远方的医生，也能够进行远程监测，及时了解病人的情况。

任务完成

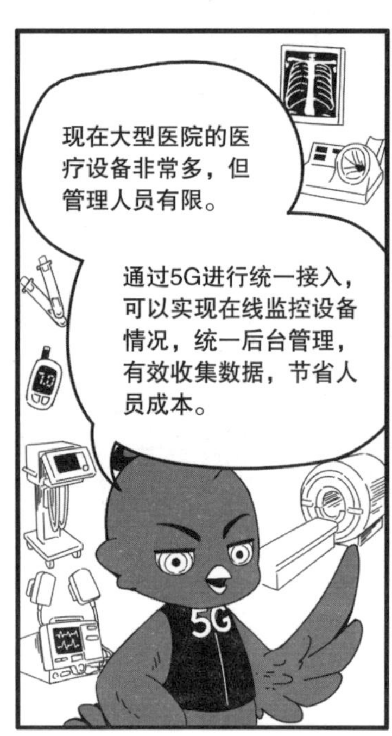
现在大型医院的医疗设备非常多，但管理人员有限。
通过5G进行统一接入，可以实现在线监控设备情况，统一后台管理，有效收集数据，节省人员成本。
5G

最新的数据！
2号诊室设备数据送到！
送到6号诊室的数据！
忙碌
忙碌
忙碌
忙碌
忙碌
8号诊室数据已送达！
这是1号诊室的检查数据！

吱吱
吱吱
非淡泊无以明志，非宁静无以致远……

我们真的……真的把诸葛亮救回来啦!!!
感动
抓

咚
拯救濒死的诸葛亮！
最终任务
让诸葛亮自行复查看病。
（此关卡不得与目标人物直接接触）

放过他吧！他只是个……古代人啊！
诸葛亮可比你聪明多了。
无力

5G与AI技术的结合，必将催生出更多的智慧医疗场景服务，未来的医院将会是充满智能化设施的医院。
检查
化验
化验
报告
此药童长得颇为别致……
打印
X光
CT
MR

出院后，可以在家看病哦！
这个5G手环能随时监测身体数据

欢送
庆祝诸葛丞相顺利出院

5G的数据传输速率足以支撑起远程会诊的技术要求，有了高清的视频设备，能让相隔千里的患者和医生“面对面”详细交流病情。

一个能让古人都顺利就医的医疗系统，必定是最便捷的！
这就是5G！
听懂鼓掌！
激动
5G

诶？那为什么要选诸葛丞相而不是其他古人？
神气
孔明为工具人是也。
5G
因为智慧的本鸡喜欢同样智慧的诸葛先生罢了。

第六章

一个孩子，一万个老师

5G+ 教育：在鲸鱼的肚子里学习

虽然已经休息了整整一个星期，周一早上我还是不想上学。

“妈，我肚子疼，好像发烧了……我是不是腹腔感染了？”

妈妈看了我一眼，说：“小依。”

“欸！”健康监测手环在我手腕上欢快地答应了一声。

“芒果现在发烧吗？”

“现在体温36.5℃。”

“有发炎的症状吗？”

我的手腕微微一麻，手环内侧伸出了一个小小的针尖，扎了我一下：“哎哟！”

“血液化验结果：未发现炎症感染迹象。已为您生成本次血检报告，请在手机端查阅。”

妈妈似笑非笑地看着我。

我很没底气地说：“那可能是我昨晚做梦做多了，现在头有点晕吧。”

家庭医生“小依”的声音毫不留情地从健康监测手环里传了出来：

“今天的身体状况非常好，祝你上学愉快，加油哦！”

我欲哭无泪，这智能设备虽然没有感情，但说话的口气跟真人一模一样，听起来就像在嘲笑我一样。

万万没想到，仅仅一个星期没来学校，我就几乎不认识自己的学校和班级了！

教室里本来有四十二张桌子，六列七排，现在都挪到了靠墙的位置，变成了“U”形摆放，中间腾出了一块空地。我找了半天才找到自己的桌椅。

“这是要干吗啊？开联欢会吗？”我从书包里拿出课本，一边整理桌面，一边小声问同桌圈圈。

“不是，是为了上课。”圈圈神神秘秘地笑着，“等下你就知道了。上周三学校给所有教室安装了新的教学设备，我们上了两天超级好玩的课！他们说，以后都会这么上课的。”

“到底是怎么上课？”我听得云里雾里的，难不成……我下意识地找影子鸡，只见影子鸡蹲在窗台上，像乖宝宝一样看着我们，还对我比了个“嘘”的动作。

上课铃响了。

班主任刘老师站在黑板前，说：“今天咱们这节语文课，还是跟另外一个班一起上。”

另外一个班？

我疑惑地扫了一眼教室门口，没有其他班的同学来啊。我又看了一眼圈圈，他冲我挤眉弄眼，神秘兮兮的。

刘老师一边打开笔记本电脑，一边慢条斯理地说："上周五的合并班级是山坳小学的五（1）班，今天是五（2）班。"

原来是给其他学校远程授课啊。我暗自寻思，那确实有些特别。

开学那天班会的时候老师就说了，这学期我们可能要跟帮扶学校的同学们一起上课，将优质教育资源共享给贫困山区的同学们，我当时没在意，也没多想会是怎么个共享的方式。

黑板前的投影幕布缓缓下降，我瞪大眼睛看着，以为幕布上会出现一群山坳小学的同学们，可是等了半天，幕布上只出现了今天要学的课文标题：草船借箭。

我忍不住写了张字条递给圈圈："他们在哪儿？"

圈圈一秒钟就看懂了我的问题，回复我："在教室后面。"

我这才注意到，教室后面的墙上挂了一块新的屏幕，屏幕里静静地坐着一群脸色黑红的孩子，坐得跟我们一样整齐，黑白分明的大眼睛盯着我们的教室，丝毫不掩饰紧张、欣喜和好奇。

"同学们，今天我们要学的是《草船借箭》……"

起初的半节课跟平时的语文课没什么不同，大家一起读课文，学习字词，解读课文大意和故事背景，只有一个地方明显不同，那就是朗读课文的声音比平时高了一倍。刘老师有时候会点屏幕里的同学起来回答问题，他们大部分都很紧张，容易脸红，回答问题的时候，声音清晰地从音箱里传出来，我们都忍不住想扭头去看屏幕，刘老师不得不敲讲台，提醒大家把头转回来。

我的眼睛盯着前面幕布上熊熊燃烧的草船，脑子里却回放着山坳小学里教室的画面。

尽管屏幕不大，依然能看出他们教室里灰突突的地板和墙面，同学们身上穿着不合身的衣服——连统一的校服都没有……

这么想着，我不由得奇怪起来：山坳小学环境这么差，连校服都没钱买，他们怎么有钱置办先进的远程教学设备呀？

此时，课文内容基本上讲完了，刘老师停了停，说：“同学们，其实历史上并没有真正发生过诸葛亮草船借箭的事，它是从更早时候的故事演变而来的。但是，这个故事充分体现了诸葛亮的智慧，所以就成了流传最广的版本，甚至还给了艺术家灵感上的启发。现在，请左右两排的同学面向教室中央，我给大家展示一件名叫‘草船借箭’的艺术品。”

教室里顿时响起一阵椅子摩擦地板的声音。

我不知道即将看到什么场景，但同学们脸上满是兴奋，这让我觉得自己有点落后了，忍不住看了两眼教室后方的屏幕。山坳小学同学们的脸上带着紧张、茫然和期待，我想，我跟他们现在的心情应该是差不多的。

教室窗帘被拉上，灯也关掉了。刘老师走到教室中间的空地上，放置了一个设备，模模糊糊的轮廓让我看不出它是什么。

启动——

一艘破碎的船静静地出现在教室上方！

它像幽灵船一样悬浮在空中，木质的船体上密密麻麻插满带羽毛的竹箭，让它看起来像极了一只倒地的刺猬。

两个班的孩子都一声不吭地注视着“刺猬”，艺术与科技散发出来的氛围叠加，产生无与伦比的力量。我们仿佛穿越到了古战场的上空，俯视着这段令人激动的历史，还有这艘缓缓旋转的战船。

刘老师的声音轻柔地响起：“这件作品目前保存在中国美术馆，它悬在展厅上方，观众只能站在地面上仰望。不过现在，我们可以360度观赏它了……”

草船从教室上空缓缓下沉，让我们得以看到它的整体。和课本插图里的不一样，这艘草船没有船舱，没有草人，只有近乎木架的空荡荡的船体。

刘老师接着给我们讲这件艺术品的构思，大家都听入迷了。我又忍不住分心看了一眼屏幕，比起我们，山坳小学的同学们更没有机会去中国美术馆参观，但现在他们可以比去美术馆现场更清晰地看到展品的全貌，也算是一种慰藉吧。

距离下课时间还有五分钟，刘老师结束了这堂课的教学内容。他掏出一份文件，说：“下课之前，还有一件事情需要同学们配合一下，这是生产教学设备厂家提出的请求。我们现在刚刚开始尝试全息投影远程直播授课，这种形式依托于5G技术，实现高清影像实时传输和全息投影，可能会遇到一些之前没遇到过的问题，尤其是山坳小学那边，如果同学们发现直播过程中有干扰，请一定要告诉老师，好吗？”

“好——”大家当然十分配合。

“好的，接下来，山坳小学五（2）班的同学们注意了，现在需要进行一个简单的效果反馈调查，便于厂家改进设备。第一个问题，刚才的同步直播中，是否出现过卡顿现象？”

两个班的同学都纷纷摇头。

山坳小学的同学说，上课过程中，一次卡顿的现象都没有出现，而且刘老师

的声音十分清晰，课程也非常有意思，让他们接触到了很多新鲜的事物，尤其是艺术品“草船借箭”，每个人都喜欢极了。

第一节语文课下课了，设备关闭，窗帘拉开，同学们都意犹未尽。山坳小学的同学们也站了起来，有的跑出了门，有的坐在座位上看书，还有几个调皮的同学拥到屏幕前，嘻嘻哈哈地冲着镜头做鬼脸。

圈圈若有所思地小声对我说：“他们那边条件那么差，怎么买得起那些设备呢？”

原来不止我一个人有这样的疑问。

我把目光投向窗台上的影子鸡，它善解人意地靠过来，轻声解释：

“山坳小学那边的设备，只是暂时‘借’来用用，过段时间它们就要被送到其他的山区小学了。”

“啊……”

仿佛被一道光照亮的天空又迅速暗下去，我一想到那些同学兴奋探索的脸，心里就沉甸甸的。

影子鸡说：“山坳小学还算比较幸运的。要不是他们学校附近建了一座5G基站，也无法使用这些设备。给全国都铺上5G基站的工程实在太浩大了，到现在才铺了一小部分地方呢。”

“真希望快点全都铺上。”圈圈握紧拳头，“我决定了！等我长大了，也要加入这项工作！”

“对，让山里的同学们也能看到更大的世界！”

我们七嘴八舌地说着，正在收拾讲台的刘老师离得很近，听着大家的讨论，低头温和地笑起来。

第二节是数学课，我们还是跟山坳小学五（2）班的同学一起上。听说，他们要跟我们一起体验全天的课程，科学课、音乐课都要上。圈圈告诉我，上周山坳小学已经有好几个班级参与远程授课了。

“不过，也就是每个班一天而已。”

真希望能够一直连线上课啊！

上课铃响了。

数学老师管老师和另一个老师一起走进教室，圈圈偷偷告诉我，另外那个老师上周才来，专门负责全息投影。

我看着圈圈传过来的字条，疑惑道：“全息投影远程直播授课？”

应该是跟刚才的“草船借箭”差不多吧？只是，数学课有什么必要全息投影呢？

“同学们，这节课我们还是学几何。”管老师说。而另一位老师正忙碌地在他身后挂上一张绿色幕布，就像电影特效拍摄现场用的那种。

圈圈捅了捅我的胳膊，示意我看屏幕里的山坳小学。

此时，屏幕上变成了两个窗口，应该是由两台摄像机在山坳小学教室拍摄的画面，一个镜头对着讲台，一个镜头对着学生，他们的讲台前面则挂上了一块漆黑的幕布。

我正感到莫名其妙，两边的设备同时启动了。

山坳小学的教室里慢慢出现了一个“管老师”。

我大吃一惊，扭头看向班里的讲台，管老师正站在绿色幕布前面呢！

原来这就是全息投影远程直播授课啊，跟语文课把中国美术馆里的草船“借”来一样，这节数学课，我们的管老师被“借”到了山里！

接下来，我们从屏幕上看到了银光闪闪的“管老师”的精彩表演。

管老师不仅备课充分，口才还很好，他先是讲述了几位在数学领域做出过突出贡献的数学家的经历，然后讲解了本堂课要讲到的几何形状：梯形、三角形、立方体——几何模型出现在我们的教室、山坳小学的教室中间，向四面八方的同学展示它们的各种角度，还贴心地闪现出自己的各项数值。

我认认真真地跟着管老师的思路听了一会儿，到底还是开小差了。

跟别的同学不一样，我上周没有上远程课，现在看到这么多的新鲜玩意儿，抑制不住地兴奋，自然没法把心思放在课堂上。管老师很快就注意到我走神了，停下讲课，说：“个别同学不要东张西望，好好听讲，人家山坳小学的同学，在环境不好的情况下还能全神贯注！”

这话一出，我们班的同学们顿时神色一僵，全都愤愤不平地打量起周围的人，看是谁当了害群之马，给我们班级丢人了。

我缩着头一动都不敢动。

唉，大意了。

接下来，闪闪发光的“管老师”也对山坳小学五（2）班的同学们做了简单的设施效果调查，同学们纷纷对全息投影课程给予好评。

这节数学课热热闹闹地结束了。

下课之后，眼保健操的音乐响了起来，大家纷纷闭上眼睛。我仗着自己视力好，经常乱揉一气，对眼保健操并不那么上心。

圈圈把他厚厚的酒瓶底眼镜放在桌上，认真地做眼保健操时，不忘小声提醒我："好好做吧，万一像我一样近视就麻烦了。"

"没事，近视了做个手术不就完了？我表姐考上大学之后就做了，现在视力特别棒！"

我满不在意，两只胳膊撑在桌面假装做操，其实是在偷看手机里的电子漫画书——还是圈圈的爸妈好，给他买了一部超大屏幕手机，不像我那款，老得什么游戏软件都安装不了，看电子书都费劲。

影子鸡不知什么时候出现在我身边，小声道："还是别想着什么都依赖科技手段吧。凭空挨一刀，亏不亏？即使做了手术，不好好休息保养的话，还是会继续近视的。"

"哦……"我还是听影子鸡的吧。开始闭上眼睛，跟着音乐做操。

影子鸡还在继续絮叨："虽然5G技术的诞生，让人类生活质量有了质的突破，但总有科技做不到的事情，也不是所有人都能享受到科技成果。就像山坳小学的学生一样，他们只能短期地获得5G技术新设备的帮助，不能像你们一样坐在这样的教室里，享受源源不断的教学资源……"

"……知道了，知道了。"我的动作更认真了些，一边闭着眼睛做操一边打岔道，"对了，影子鸡……"

"我在。"

“这种全息投影，应该不只用在课堂上吧？是不是还有其他的用处，比如电影院——”

我的脑海里出现了各种奇奇怪怪的全息投影新玩法。

影子鸡一板一眼地回答：“是的，不光是上课，各种跨地域的会议、活动直播，以及你之前体验过的医疗，都能够用信息传输代替人。当然，前期要有强大的经济实力来建设5G的基础设施。不过，在这场技术变革中，拥有最大突破的，还是要数教育。”

“为什么？”如果要我选，我可能会选择“医疗”，毕竟那是实打实地减轻痛苦、拯救生命啊！“教育”有啥好突破的，还不是一样要上课、写作业嘛。

影子鸡说：“最直接的变革，在于打破了固有的地域限制，让受教育的机会不局限在课堂，而是能够延伸到任何一个地方。只要有通信和互联网，就可以将大城市里的优质教学资源和内容送给欠发达地区的学生。放在以前，相当于送去了一座图书馆，一群优秀的老师——

“虽然你觉得学习很枯燥，但是对于山坳小学的学生们来说，学习是走出大山，走向世界的唯一路径，而5G技术将这条坎坷的山路变成了传送门，将更多的信息直接送到他们面前。芒果，你没有真正去过山区，不知道一个贫穷的山村家庭要倾其所有，才能将一个孩子送进大城市里的普通大学……”

“我懂了，我懂了……”我咕哝道，“就好像我想看‘草船借箭’，可是我家不在全景市，就只能趁假期让爸妈带我去中国美术馆。而远程教育，相当于把中国美术馆搬到了我们的城市。”

“是的，这个说法没错。”影子鸡说，“远程教育给出了一个新的教育模式，让学生不必都涌向一个地方。分散在全国各地的学生，都可以学习到大城市重点学校的精品课程。5G技术能实现优质教育资源远程分配，为我国教育资源分配不均的问题给出一种全新的解决方案。”

眼保健操结束了，我伸了个懒腰，突然觉得哪里有些问题：“可是，不是早就有网课了吗？这不是什么新鲜模式啊。”

“嗯，更确切地说，的确不是新模式，但确实是新技术支持下的教育实践。这几天你们和山坳小学开展的是‘5G+4K远程教学模式’，也就是运用了全息投影的远程教学。4K指4096×2160分辨率。4K已经应用多年，很多厂家都推出了4K电视机，但这种超高清画面所需要传输的数据量也是相当高的，每一帧的数据量都达到了50MB，所以4K对于带宽的要求自然很高。在4G时代，想要用4K模式上网课，肯定会卡得像蜗牛……

“5G网络和4K显示的技术结合，令一些艺术类的教育更轻松。比如学习乐器演奏，学生可以清晰地看到老师的手法和技巧，还可以与老师进行实时互动，整个教学场景如同身临其境——”

“学习乐器？”我来了精神。

第三节是音乐课，音乐老师早就跟我们说过，这周会教我们吹笛子。

“你很期待吗？”影子鸡问。

“当然！”我兴奋地点点头。

吹笛子哎，我在古装剧里看过，笛子声音特别好听，吹笛子的人看起来也特别帅！

“那你就好好享受接下来的音乐课吧！”影子鸡意味深长地笑了笑，说，“跟刚刚的数学课一样，音乐课也会用到全息技术。全息的意思，就是‘完全信息’。这项技术人们很早就开始尝试使用了，几年前，电视台就播放了歌手通过特效技术实现多个‘分身’，在观众面前同台表演，还能让已经去世的歌手重新出现在舞台上，跟真实的歌手隔空合唱。这也就是为什么那些几何模型能够在空中转来转去，为什么管老师能够同时站在两个教室里。”

我想了想自己的数学成绩，质疑道：“可是，我不需要全方位地去看几何模型，也能做出几何题目来啊。”

“不是所有的人都有很好的空间想象能力的。”影子鸡耐心地说，“全息课堂提供的‘沉浸式体验’，可以有效提高学生们对知识的感知度和保留度。比如今天的数学课，管老师讲解比较抽象的立体几何时，就能用全息技术将几何图形用三维方式呈现出来，实现360度无死角展示，帮助学生突破思维和视觉的局限，激发想象的活力。”

“你说得对！圈圈做几何题总是出错，她可能天生缺乏想象力，无法凭空想象出一个立方体。”

“芒果！”圈圈又气又恼地瞪我，“你……你还不是有缺点！”

她绞尽脑汁地想要反击，却被我轻描淡写地化解了："对啊，我有好多好多缺点，但是我几何题做得好啊！"

圈圈这下彻底不理我了。

和语文、数学课不一样，我们音乐课一星期只在周一有一堂课，也就是说，圈圈等其他同学跟我一样，并不知道接下来的音乐课会出现什么新鲜的模式。

音乐老师走进教室，看了看我们，“扑哧”乐了：“你们别弄得如临大敌似的。”

谁如临大敌了啊，明明都是期待！

或许是还不太熟悉操作，上课时间过去了十分钟，音乐老师还没有调试好设备。她叹了口气，掏出手机，打给后勤部：“麻烦送一台助教机器人过来，谢谢！”

我悄悄问圈圈：“我们有机器人了？”

圈圈还在假装生我的气：“对，有点傻乎乎的，但是挺可爱，比你可爱多了！”

我更期待了！

助教机器人进入教室时，同学们热烈鼓掌。小机器人竟然害羞得屏幕上冒出了两个红圈圈……它默默地滑到讲台边，伸出机械臂，开始调试教学设备。

这个空当，音乐老师愉悦地说道：“今天，我带你们去听一场音乐会。”

同学们互相看了看，有了前面课堂的经验，不难想到，这场音乐会肯定是被搬到教室里来了。

我举起手：“老师。”

“芒果同学有什么问题？”

“音乐会上有笛子吗？”

“当然有，我们今天要听的是民族乐团的演奏。”

我满意了。

我为什么会对笛子的学习有着异乎寻常的兴趣？其中有一个我打死都不肯承认的原因：我是五音不全的音痴。

笛子是最方便携带的乐器，有了它，每当需要唱歌的时候，我就可以掏出笛子独奏或者伴奏，不用再开口唱歌啦！

我美滋滋地想着，并在心里祈祷：吹笛子不要难度太高。

很快，教室里再次暗了下来。助教机器人做完了自己的工作，静静滑到门边。

接着教室中间亮起了金色的光，整个乐团出现在我们面前。

经历了数学课上在眼前转来转去的几何模型，我好像对这场音乐会有了点“免疫力”，甚至开始琢磨更多的东西。比如，怎么更深入地与全息投影出来的人物互动？

“老师！”

音乐老师冲我做了个“嘘”的动作，示意音乐会要开始了。我悻悻地放下手，见同学们的脸上渐渐换上了一丝庄重的表情，心想，这也太像现场音乐会了。

演奏开始了，由于教室空间的局限，这个乐团里的人看起来只有真人的三分之一大小。我的注意力始终在离我最近的那个吹笛子的人身上，他手里的笛子也相应缩小了许多，显得小巧可爱，就像削了一半的铅笔。如果真有这么小的笛子，我很乐意买来藏在身上。

这样能看清他们的动作吗？我在心里暗暗嘀咕。乐团面朝教室后方，这让我无法完全看清笛子乐手的动作，不是被他的头挡住，就是被旁边乐手的胳膊挡住。

没等我再次举手，整个乐团缓缓旋转起来，变成面向我的方向。这个角度还不错，但笛子乐手反而离我远了一些……

音乐声渐小，乐团突然消失了，只剩下一个人抱着琵琶，坐在教室中间独奏。我们都是一愣，接着便看到乐团里的其他乐手依次出现，由于是单人演奏，空间足够，他们便恢复到了真实大小，让我们能够全方位地看清他们的演奏动作。

我无意中瞄了音乐老师一眼，见她一脸沉醉地坐在讲台边，手指不自觉地在膝盖上打着拍子。

我把视线重新转移到教室中心，等待着笛子乐手的独奏。

遗憾的是，直到整个演奏结束，我都没有看到笛子乐手的独奏……

我愤愤地想，如果我以后参与了全息投影视频的制作，一定要在每个乐团演奏会上加入笛子独奏。

“以后兴许会有更简便的定制全息视频。”下课后，影子鸡安慰我，“你喜欢这种模式的教学吗？”

“喜欢。”我毫不犹豫地点头，“有点像看科幻电影的感觉。”

“更像是科普电影。”圈圈笑嘻嘻地说。

下午的第一堂课是科学课，据隔壁班上个星期体验过的同学说，我们可以“走进”人体内部，近距离观察人体组织结构、器官、骨骼等，那种感受跟看课本里的图片完全不一样。

“要钻到人的肚子里去？”圈圈脸上露出难以形容的神色，我估计她想到了胃和大肠。

教生物课的文老师风风火火地走进了教室。

“同学们，今天我们去亚马孙热带雨林！大家排好队，前往小礼堂。”

我们怔了怔，随后回过神来。

这堂课肯定有趣极了！

圈圈站在我身后，难掩兴奋地小声说：“太好了，不用到人的肚子里去了！”

文老师一边组织大家去小礼堂，一边意味深长地扭头看了看圈圈，我顿时觉得这次科学课没那么简单。

刚进小礼堂，我就发现墙上、地板上安装了不少新的设备和不同颜色的幕布，绿的、灰的、透明的，像大片大片的雾。

同学们兴奋的脸，很快融入了小礼堂的黑暗之中。科学课开始了。

我们通过多个全息投影设备，听到了亚马孙热带雨林里猿猴的啼鸣声，听到了潺潺的流水声，还听到森蚺从脚边滑过的沙沙声。

圈圈把自己的脚默默抬了起来，缩在座位上，欲哭无泪："还有几分钟下课啊？我现在觉得去人肚子里看看也挺好的。"

文老师很快满足了她的愿望。

接下来，我们排队穿过了脊椎大门、心肝脾肺肾、弯弯绕绕的肠道迷宫，圈圈一直紧紧抓着我的胳膊，面无人色。

"这太可怕了……"

"可怕吗？这些东西也装在你自己的肚子里呀。"我有点想笑，"不过，你可能刚刚没有仔细听讲，我们走过的并不是人类的五脏六腑，而是鲸鱼的。鲸鱼的肚子更符合现实——鲸鱼的肚子本来就大到可以让我们在里面走来走去嘛。"

圈圈这才缓过来一点。

"我现在很想念以前的课堂……"她苦兮兮地说，"不过，收获是，我已经深刻地记住鲸鱼五脏六腑的排列位置了。怎么都不会忘掉！"

一天的课程结束了，回家吃晚饭的时候，我跟爸爸妈妈说了今天的课堂新体验。爸爸妈妈对这些似乎毫不意外。

“嗯，早在好几年前，这些概念就已经很流行了。不过那时候还不能实现全息投影远程授课，最多只能实现VR和AR课堂而已。”

“它们跟全息投影有什么区别吗？”我有点糊涂地问。

爸爸说：“你平时在家不是经常玩VR和AR游戏吗？最大的区别就是，你可以直接用肉眼看到全息投影投射出来的事物，但想看到VR和AR呈现出来的立体画面，就必须戴上特制的眼镜，或者透过手机的摄像头去‘看’。”

“哦——”我恍然大悟，“就是我玩的那个《地板上的橘猫》？”

我妈妈对猫毛过敏，没法在家里养猫，但我们都很喜欢猫，只好“云养猫”。从手机上打开游戏，启动后置摄像头，在手机屏幕里的地板上就会多一只虚拟的橘猫。

它会在地板上打滚、撒娇、喵喵叫，就像真的养了只猫。

“你怎么知道这个游戏的？难道说……”爸爸吃惊地望向妈妈。

我这才知道，妈妈上大学的时候，《地板上的橘猫》刚刚开发出来，是当时热门小游戏，妈妈玩了很久。

“怀个旧嘛，顺便也让芒果体验一下有猫的乐趣。”妈妈不好意思地笑着。

爸爸笑着无奈地摇摇头，对我说：“那么，VR和AR之间的区别，你知道了吧？”

“一个用‘头盔’，一个用手机？”我摇摇头，一时半会还没法很清晰地归纳它们的概念。

影子鸡帮我回答：“VR指的是虚拟现实，AR指的是增强现实，都能够将虚拟和现实相互融合。

“VR是能够创建和体验虚拟世界的计算机仿真系统，利用计算机生成一种模拟环境，是一种多源信息融合的、交互式的三维动态视景和实体行为的系统仿真，使用户沉浸到该环境中；AR是一种实时地计算摄影机影像的位置及角度并加上相应图像、视频、3D模型的技术，这种技术的目标是在屏幕上将虚拟世界套在现实世界进行互动。

“简单地说，VR是让人进入清醒的梦境，AR是将梦里的事物带出来，放到现实世界里。VR通过封闭式的头戴设备，将人带到沉浸式的虚拟世界中。而AR在现实中运用得更加广泛，比如手机上的实景路线导航，拍照软件在人的脸上增加动画和美颜功能等，都是将虚拟的东西放在我们的现实世界里。”

“哦，那我懂了！”听影子鸡这么一解释，我很快明白过来。

我着急地扒拉完碗里的饭，去客厅的柜子里拿出轻巧的VR眼镜戴上，打开一个赛车游戏玩起来。

“玩一会就行了啊，玩久了会头晕的。”妈妈说。

“我玩VR游戏从来没有头晕过哎。”

“你再多玩一会就该晕了！”妈妈的声音在赛车道右边响起来。

“5G的高传输速率，已经解决了VR游戏给人带来眩晕感的弊端……”影子鸡不太好意思地小声纠正道。

“哦，对，我印象里VR游戏沉寂了很长一段时间，在5G技术有了突破之后，才又猛烈发展起来的。”爸爸说。

影子鸡说：“是的，以前VR和AR领域存在很多问题。除了VR头显设备重、价格高的弊端之外，这两个领域还存在协作问题。大多数AR和VR体验，过去主要都是为单一用户设计的，当多人共享同一场景时，网速就跟不上了，常常因为设备延迟、数据加载太慢，导致用户产生晕眩感。

“有了5G技术的支持，不仅可以解决头显设备笨重和网络卡顿问题，还能保证多个用户同时共享一个场景时的流畅性，这种多用户同时使用的功能只有在5G环境下才能实现。

“今天芒果上的几堂课，都基于全息投影技术，没有使用VR和AR技术。如果全班同学和老师都戴上头显，或者通过手机，同样能够远程参与音乐会，在教室里看到遥远的生物。”

“那应该也很好玩啊！”我想象了一下全班同学都戴上VR眼镜的情景，兴致勃勃地说。

爸爸妈妈也不约而同地露出了向往的神色。

“要是咱们那时候上学也这样就好了，听起来多好玩啊！以前咱们老师用的都是什么？投影仪！一张一张放PPT，最多加点图片和视频！”妈妈的声音里带着些许遗憾。

我也觉得自己生活在这个时代很幸运。

那些让老师难以讲解的、无法亲身感受到的教学场景，变成了高仿真、可视化，可以身临其境地去感受和参与，让原本静静躺在书本上的文字、表格、图片变得形象而生动，让课堂“活”了起来……

我突然不那么反感上学了。

没想到，我雄心壮志地准备下周开始努力用功时，周日却收到了学校的通知短信：

近期我市出现了传染性的呼吸道疾病，学校暂停授课，请学生们在家上课。

“要上三天网课？”爸爸妈妈平时常用远程办公软件开会，所以轻车熟路地帮我开通了账号，就等着周一上网课了。

周一早上，我比平时起得还早，洗漱完毕后，提前十分钟坐在电脑前等待上课。

这种感觉好新奇。

不用慌慌张张地出门，没有人喊“起立”“坐下”，还能偷偷吃零食（只要不是正好被点名发言），自由！

圈圈一边听课，一边兴奋地在微信上跟我聊天，结果突然被老师点名背诵课文，她眉飞色舞、喜笑颜开的脸突然被放大，出现在全班同学的屏幕上。

刘老师问：“背课文这么开心吗？”

圈圈涨红了脸说：“开……开心。”

她磕磕巴巴地背完课文后，不再跟我聊天了。我也老实了，因为其他同学都在互相转发一张截图——圈圈那一瞬间的惊慌失措。

静下心来听课之后，我发现，虽然没有了全息投影，但每节课依然比从前的课程有意思。

老师不仅会在讲课过程中穿插播放各种有意思的动画课件，屏幕上弹出的随堂练习也特别符合我的水平，做题特别顺畅。

课间休息的时候，我跟影子鸡分享了这种感受，它说："你还记得上周五做的随堂测试吗？"

"记得啊。"

"那些测试，就是为了给每个学生制订个性化的学习计划，精准解决每个学生的弱项。你们班有四十个人，就有四十套学习计划。这就是为什么你会觉得做题比以往更顺畅了。"

妈妈正好也结束了手头的工作，过来给我送水果，听到之后说："啊！我知道这个，在我上学的时候，这种个性化学习模式还只是个概念呢。"

影子鸡说："是的，传统教育模式是以教师和课本为中心，教师是知识的传播者，学生是被动接受者，导致学生无法调动起积极性和能动性。而科技的进步，让两千多年前孔子提出的'因材施教'和'有教无类'的教育理念，终于可以大范围地去实现了。"

听了影子鸡的解释，接下来的课，我更加留心观察课程跟以往的区别了。

我发现老师们似乎对现在的教学效果也很满意，上课不仅充满激情，而且个个心情都很好。

“今天有70%的同学做对了这道题，我会发同类题型给做错的同学，大家再巩固一下。”

“圈圈这次的随堂测试成绩提升很大啊，之前月考经常错的题型，这次一道都没错。”

“芒果，我发现你错的那几道题，是由于同一个知识点没弄懂，今天的作业我会给你集中布置这个知识点的题型，你好好看看步骤。”

……太精准了！

我感觉自己所有的知识漏洞都被剖开平摊，让老师看得一清二楚。不过，随着漏洞一个一个准确地补上，那种感觉还真不错。

我隐隐觉得，自从影子鸡接管了网络领域的工作以后，我们的学校会和工厂、农场、医院一样，发生前所未有的变化。

又是一个周末。

“芒果，来外公这里玩不？外公带你去摘石榴啊！”

“好！等我写完这周的作文。”

我的回答显然让外公有些吃惊：“怎么，芒果现在这么用功啊？”

我现在确实对学习的兴趣越来越大了，或许是因为学习的过程不再是看不见、摸不着的，而是通过精确的数据和有趣的形式呈现出来，让我随时知道自己的水平和缺陷，像游戏过关一样一一击破障碍，所以越努力越上瘾了吧。

“外公，你等着，我很快就能写完作业，下午让爸妈带我过去玩！”

我关闭了视频通话，影子鸡乖乖地坐在窗台上，看我在作文本上写下标题。

今天我要写一篇童话，叫《五只鸡的故事》。

猫咪征服地球计划

为了给芒果讲解5G对教育的影响力，影子鸡决定带芒果玩一款“恐怖”游戏。
戴上

抖
沙沙
沙沙
5G

欢迎来到猫咪征服地球计划
超凶
喵!
你们已被我包围！乖乖听我的指示，就饶你们一命！

好胖的橘猫
你们要我们做什么？
本喵要征服地球！你们要帮我把人类全都培养成铲屎官！
征服地球！
铲屎官！

铲屎官培训班

这不行！云课堂教学范围是够广了，但不够生动，刚才本喵看到好几个人类都在打哈欠！
对！这样的态度是做不成铲屎官的！
拍

叮！
那就用这个吧——5G+全息课件！

5G+教育，打破了地域限制，只要有5G网络，就可以利用全息投影将课堂延伸到任何一个地方。
喵喵
喵
喵
喵
喵
喵

※弹幕

哈哈哈哈！好蠢萌！
哈哈哈哈哈哈
哈哈哈哈哈
啪叽！
橘猫都是又胖又蠢的！
小胖子，来，姐姐给你小鱼干。
哈哈哈哈哈哈

说什么呢?!可恶的人类！
炸毛
抓
看本喵的三尺利爪！

地球征服指数
60%
40%
咳，不错。全息投影教学加强了他们的沉浸感。
根据统计，他们的“猫奴化”指数已经达60%了。
深沉

叮
5G+
借助VR游戏的
互动体验，还
能提升20%！
猫咪要征服地
球，你一只鸡
这么积极干吗？

VR、AR和全息课堂最大的优势
就是“沉浸式体验”，可以大
幅度提高用户的感知度。
喵~
喵~
逗
??

before
after
哎哟~
头好晕
呜哇—！
5G的高传输速率可以解决
VR游戏的一个弊端——眩晕
感，还能够让画面呈现360度
全景模式。

非常好~“猫奴化”
指数已达80%。嘿嘿嘿！
阴
险

每个人喜欢的猫咪种
类、性格各不相同，
因此可以结合AI技术
“因材施教”！
喵~
喵~
喵~
5G
AI可以利用自身的算法模型，
更深入、细致地剖析每个学生
的弱项，由此制订出适合每个
学生的个性化学习计划。

虚拟猫咪人气投票统计
橘猫
正正正正正下
布偶猫
英短
波

喵！这些没品位的人类！
炸毛

你的猫咪已送到~
5G

征服全地球！
“猫奴化”
100%！！！
喵！！！

至此，5G的各项应用我就暂时讲解完毕了。
影子鸡，你这是要离开了吗？
5G

不！我给你出了份卷子，看看5G的知识点你都记住了没！
扯
5G
逃

后　记

记得在我小时候，经常会听到这样的话："现在的小孩子啊，五谷不分，连碗里的饭是怎么来的都不知道。"

而现如今的你们，一生下来就习惯了有智能手机和网络的世界，也许不久后你们将会听到这样的话："现在的孩子啊，不懂零件，不懂科技，连网络是怎么来的都不知道。"

在这样一个时间节点——我们将进入21世纪的第二个20年，已经习惯智能手表、智能手机和电脑的你们，可能会面临新的生活巨变，就像上一代人的沟通工具从座机、大哥大变成了手机一样。不，变化可能还要更大，手机不再是专门的通信工具，还有更多让人们渐渐离不开它的用途。以前大人们可能会斥责孩子染上了"网瘾"，而现在，几乎所有人都捧着手机，天天看个不停。毕竟谁会拒绝花上一笔小钱，就可以购买一个微型世界呢?

你们作为移动互联网的原住民，习惯了在智能设备上滑动手指就可以连接世界，已经很难体会到书信往来时代的静候佳音，以及杜甫诗中"烽火连三月，家书抵万金"那种信息交互的弥足珍贵。

撰写这本书的初衷，就是希望亲爱的小读者们在了解了5G技术的来龙去脉后，未来可以利用它的强大性能帮助弱势群体，帮助人类抗击疾病和疫情，同时成就自己的梦想。当然，我更希望你们在享受科技便捷的同时，仍能热情拥抱这个真实的世界。